과학 vs 과학

과학 VS 과학

–과학은 합의가 아니라 대립을 통해 성장한다

2020년 10월 23일 초판 1쇄

지은이 박재용

편 집 김희중
디자인 경놈
제 작 영신사

펴낸이 장의덕
펴낸곳 도서출판 개마고원
등 록 1989년 9월 4일 제2-877호
주 소 경기도 고양시 일산동구 호수로 662 삼성라끄빌 1018호
전 화 031-907-1012, 1018
팩 스 031-907-1044
이메일 webmaster@kaema.co.kr

ISBN 978-89-5769-476-3 03400
ⓒ 박재용, 2020. Printed in Korea.

과학은 합의가 아니라 대립을 통해 성장한다

과학 vs 과학

박재용 지음

개마고원

들어가는 말

과학은 진리를 찾는 수단이다. 이 말은 과학의 내용 자체가 진리라는 것을 뜻하지 않는다. 과학은 틀릴 수도 있고, 실제로 그런다. 과거에는 옳았던 내용이 시간이 지나면 잘못된 것으로 밝혀지는 경우가 과학에서는 흔하다. 그래서 '과학적으로 증명되었다'는 말은 그 주장이 천년만년 변치 않는 영원한 진리임을 의미하지 않는다. 누군가 말했듯 반증가능성이야말로 과학의 필수 요건 중 하나이며, 과학은 항상 반론과 이견을 허용한다.

어떤 이들은 과학이 틀릴 수 있다는 점과 합의되지 않는다는 점을 두고서, 그것이 과학의 '한계'이며 과학을 믿지 못할 이유라고 말하기도 한다. 진화론 내부의 의견 불일치를 들면서 진화론이 틀렸다고 주장하는 창조론자들이 그렇다. 그러나 그들이 말하는 과학의 '한계'는 오히려 과학의 '가능성'이라고 봐야 한다. 동일한 자연현상에 대한 서로 다른 과학적 이론은 우리가 정확히 알지 못하는 어떤 자연의 법칙이 그 안에 숨어 있다는 뜻일 수 있다. 두 이론의 대립과 충돌 속에서 더 발전된 새로운 설명이 등장하고, 자연에 대한 이해가 점점 깊어지는 것이 과학의 발전 과정이다. 이 책이 '과학 VS 과학'의 대립에 주목하는 이유다.

그렇기 때문에 '과학 VS 과학'의 대립은, '과학 VS 비과학'의 대립과는 다르게 이해해야 한다. 사물이나 현상을 과학적으로 바라보는 사람과 기존의 종교 혹은 관성으로 바라보는 사람 사이의 대립은 후자로, 어쩌면 우리에게는 이것이 더 익숙할 것이다. 진화론이냐 창조론이냐는 식의 논쟁이 그러하다. 이런 논쟁의 대부분은 과학적 방법론에 의해 쉽게 해결된다. 물론 그래도 사회적으로는 비과학적 주장이 쉽게 사라지지는 않는다. 그러나 이런 논쟁은 본질적으로 이미 끝났다고 볼 수 있다. 갈릴레이가 지동설을 주장하다 당시 가톨릭의 핍박에 의해 자신의 주장을 철회했다고 해서 지동설과 천동설 논쟁이 그 뒤 의미 있게 진행된 것은 아니다. 그저 사회적 관성이 이견이 계속 존재하는 것처럼 보이게 만들 뿐이다.

물론 현재도 이런 논쟁 아닌 논쟁이 진행되고 있다. 진화론 대 창조론이 대표적인 예이다. 인종 간에 지적 능력이 차이나는가 하는 문제도 마찬가지이고, 인간 활동에 의해 기후 위기가 닥치고 있는가라는 질문도 그렇다. 하지만 이런 논쟁에서는 어느 쪽이 맞고 어느 쪽이 틀린가에 대해 서로 진지하게 질문을 던지고 답을 하는 것이 중요한 지점은 아니다. 왜곡된 종교적 신념 혹은 집단의 욕망이 논쟁이라는 형태로 표현된 데 불과하기 때문이다. 이미 논쟁이 끝난 지점에서 틀린 주장을 하는 이들이 그저 바짓가랑이를 잡고 늘어지고 있을 뿐인 상황으로, 일종의 유사과학과의 전투라 볼 수 있다.

매일 아침 TV에서 거짓된 정보를 전달하는 쇼닥터 역시 이런 유형의 하나다. 콜라겐이 피부에 좋다는 둥, 비타민을 어떻게 먹어야 한다는 둥, 면역력 강화를 위해선 무슨 무슨 음식이 좋다는 둥 정보를 전달하는 척하면서 동시에 홈쇼핑에 나가 해당 상품을 파는 이들과의 다툼 또한 과학과 비과학의 대립이라 할 수 있다. 이 전장은 과학적 의견의 차이가 만든 것이 아니라, 자신이 배운 의학 지식을 외면하고 자본의 논리와 자신의 이윤을 따르는 자들에 대한 폭로이자 배척이 요구되는 상황일 뿐이다. 이런 상황을 정리하는 데도 과학이 일정한 역할을 담당해야 하는 것은 물론이다.

하지만 '과학 VS 과학'의 대립은 진정으로 과학의 본질을 보여주는 중요한 측면을 지닌다. 과학자들 사이에서도 하나의 현상에 대해 서로 달리 해석하는 경우는 생각보다 훨씬 많다. 어찌 보면 대부분의 이론이 이런 대립을 거쳐 탄생한다고 볼 수 있다.

그중 어떤 대립은 과학에서 그치지 않고 주변으로 그 영향을 넓히기도 한다. 시간과 공간의 본질에 관한 논쟁이라든가 인류의 기원에 관한 논쟁, 인간 이외의 존재들이 의식을 가지고 있는가에 대한 논쟁들이 그러하다. 이런 논쟁은 또한 서로 대립하는 두 과학자 사이에서 끝나는 것이 아니라 그 영향을 받은 동료나 후배 과학자들에 의해 이어지는데, 이 과정에서 이론은 더 정교해지고 더욱 진실에 다가가게 된다.

물론 과학에서의 대립이 항상 합리적이고 이성적인 것만은 아니다. 기존의 학설에 대한 무조건적인 믿음, 자신의 신념에 대한 비이성적인 믿음 등이 섞여 있기도 하다. 사실 과학만이 아니라 세상 모든 의견 대립에는 이런 요소들이 있을 수밖에 없을 것이다. 하지만 과학에서의 대립은 각자의 주장을 확인시켜줄 증명을 요구하고, 실험과 관측을 통해 사실을 확인하는 과정을 거친다. 물론 과학에서도 이미 끝난 것처럼 보이는 일에 미련을 두는 이들이 있다. 그중 많은 경우는 그저 미련으로 끝난다. 하지만 과학은 세상 모든 일에 대한 완벽한 답이 아니며, 설명할 수 없는 현상들은 계속 남아 있는 법. 그것을 설명하기 위해 기존의 주장을 전복하려는 이들은 기존에 틀렸다고 생각하는 이론에서 새로운 가능성을 보기도 한다. 그리고 그 결과로 이전의 주장을 뒤집는 새로운 이론이 탄생한다.

새로운 과학 영역이 개척될 때도 이런 대립과 충돌은 필수적이다. 지질학이라는 학문이 형성되는 과정은 그런 의미에서 시사점이 있다. 지질학의 초기는 신앙과 학문이 뒤섞여 있었다. 한편으로 자신이 믿는 신앙에 기대어 현상을 설명하고, 한편으로 자신의 주장을 증명하기 위해 다양한 증거를 제시한다. 하지만 논쟁의 당사자들 누구도 완벽한 설명을 해내지 못한다. 둘의 이론은 각자 타당성과 개연성을 가지고 있지만 또 그만큼 시대적 한계로 인한 어설

품이 존재하기 때문이다. 이 어설픔을 극복하는 과정은 또한 대결이다. 그리고 그런 대결은 서로의 입장을 더 정교하게 만든다. 그러면서 초기 지질학에 섞여 있던 신앙은 떠나고 과학만 남게 된다. 지질학자들은 자신의 논리를 세우기 위해 새로운 현상을 찾고 실험하고 데이터를 축적했으며, 또한 상대방의 이론과 데이터를 일부 수용하여 이론을 새로 가다듬는다. 이 과정에서 논쟁의 수준은 높아지고 더 정교해진다. 수성론과 화성론은 동일과정설과 격변설로 발전하면서 지질학이라는 학문의 깊이를 더했다. 20세기가 되어서는 지구수축설과 대륙이동설이 대립하면서 자연에 대한 이해를 진전시켰다. 지금도 지질학에서는 또 다른 전선이 형성되면서 서로간의 대결이 지속된다.

어떤 대결은 과학에서 끝나지 않는다. 공간과 시간이 실재하는 것인지 아니면 그저 개념에 불과한 것인지, 이 두 관점은 멀리 고대 그리스에서부터 차이를 보였다. 얼핏 철학적으로 보이는 이 논쟁은 그러나 물리학에서 대단히 중요하게 다루어지는 주제이기도 하다. 뉴턴과 라이프니츠, 에른스트 마흐와 아인슈타인 그리고 양자역학이 모두 이 시공간의 본질에 대한 심도 깊은 논쟁에 참여하고 그 이해의 폭을 깊게 했다. 그리고 물리학에서 시공간 개념의 변화는 다시 철학이나 인문학 전반에 새로운 사고의 마중물로 작용했다. 뇌과학에서도 20세기 말에서부터 현재까지 두드러지게 나타나고 있는 의견 대립이 뇌과학뿐만 아니라 다양한 영역에 영향을 미치고 있다. 인간 의식이 뇌에서 어떻게 형성되는지를 둘러싼 논쟁도 있으며 또한 인간 이외의 존재, 영장류나 포유류, 하다못해 문어나 꿀벌에게도 의식이 있는지를 가지고 대립한다. 그리고 이 논쟁의 외연은 인공지능의 의식에 관한 문제로까지 확장되고 있다. 이런 상반된 관점은 인간중심주의에 대한 또 다른 문제제기가 되기도 하고, 인간의 자유의지에 대한 깊은 성찰을 유도하기도 한다.

이 책은 과학의 역사에서 나타난 과학적 개념의 충돌, 특히 자연 현상에 대한 이해들 사이의 대립과 충돌 지점에 주목했다. 이는 지금 우리가 알고 있는 개념이 어떻게 형성되었는지를 파악하는 데도 도움이 될뿐더러 그 자체로 흥미롭기도 하다. 그리고 그 과정을 살펴보면서 역사적·사회적 맥락을 파악하는 것은 비단 과학뿐만 아니라 인류 사회에 대한 인식의 지평을 넓혀주기도 하고, 해당 개념에 대한 이해의 폭을 확대시키기도 한다. 이런 목적으로 책을 기획하면서 고대에서 현대에 이르는 다양한 논쟁 테마들을 모아 대략 30가지로 간추린 후, 다시 어떤 것을 선정할지 고민했다.

가장 먼저는 과학 이야기지만 그 영향이 과학을 벗어나 인간 사회 전체에 미치고 있는 중요성을 고려했다. 그에 따라 사회적 파급력이 크지 않았던 경우는 제외했다. 그리고 남은 테마들 중에서 먼저 배제한 것은 과학 대 비과학의 구도를 가진 종류였다. 이에 따라 지동설과 천동설, 진화론과 창조론 등은 모두 빠졌다. 또한 과학 대 과학의 구도를 가지고 있지만 그 영향이 단편적인 경우도 배제

했고, 설명하기 위해 너무 깊은 이해가 필요한 경우도 빠졌다. 대립의 두 축이 모두 가설 단계에 있는 것들도 제외했다.

마지막으로 기존 책에 그 내용이 잘 실려 있어 또 다루는 것이 큰 의미가 없는 경우도 뺐으며, 전체적으로 하나의 분야에 너무 집중되게 하지 않으려 했고, 책의 분량을 생각했을 때 다음 기회로 미루는 것이 좋겠다고 판단한 경우도 있다. 이렇게 빠진 것들에는 초끈이론과 양자중력이론 등 현재의 양자역학과 상대성이론을 통합하려는 가설들 사이의 논쟁, 인공지능이 의식을 가지는지에 대한 논쟁, 과연 우리가 사는 우주를 이루는 법칙이 실재하는지 아니면 우리가 발명한 개념인지에 대한 논쟁, 외계 지성체가 존재하는지에 대한 논쟁, 인류원리가 과연 과학적인 것인지에 대한 논쟁 등이 있다.

최종적으로 여덟 개의 테마를 책으로 묶었다. 각기 다른 학문 분야의 논쟁을 소개하기 위해 찾아보아야 할 자료도 많았고, 그 논의의 깊이를 따라가기 위해 해야 할 공부도 적지 않았다. 과정에서 이전의 책들보다 집필하기 힘든 부분이 상당했지만 주변의 배려로 이제 탈고를 하게 되었다. 과학에 뜻을 세우고 길을 가고자 하는 분들과 과학에 대한 보다 폭넓은 이해를 바라는 분들에게 작은 도움이라도 된다면 좋겠다.

2020년 9월

저자 씀

1장

자연은 어떻게 변하는가

점진적 변화 VS 급격한 변화

자연은 어떻게 변화하는가:
점진적 변화 VS 급격한 변화

점어서는 어디 긁힌 상처도 이삼일 만에 아물지만 나이를 먹을수록 상처가 아무는 속도가 느려지는 걸 깨닫는다. 어느 날 확연히 나이가 들고 노화가 진행되었다는 걸 느끼지만 사실 노화는 매일 꾸준히 생애 전체에 걸쳐 진행된다. 어릴 적 살던 동네를 찾아가면 그 변한 모양새에 놀라지만 동네에 계속 살던 이는 그리 여기지 않는다. 어느 해에는 빌딩이 하나 들어서고 또 다른 해에는 아파트가 들어서면서 조금씩 바뀐 것이다. 이렇듯 우리 삶의 여러 부분은 조금씩 그리고 꾸준히 변한다.

하지만 어떤 사건은 그 이전과 이후를 완전히 다르게 만들기도 한다. 우리 사회로 보면 80년 광주가 그러했고 87년 민주항쟁과 88년 노동자대투쟁도 마찬가지다. 세월호도 그러했고 2020년의 코로나19도 그러하다. 개인의 삶에서 보자면 결혼이라든가 취업 등의 일들이 그러할 것이다. 이렇듯 우리 삶은 조금씩 연속적으로 바뀌기도 하고, 커다란 사건에 의해 순간적으로 바뀌기도 한다.

이를 대하는 사람들의 태도도 크게 두 가지로 나눌 수 있겠다. 어떤 이들은 산업혁명이나 2차 세계대전과 같은 역사적인 사건들 또한 긴 역사의 흐름에서 보면 일상적인 과정의 하나라 여기지만, 다른 이들은 결정적으로 작용한 중대한 사건으로 여긴다.

그렇다면 자연은 어떤 식으로 변할까? 눈·비·바람 같은 매일 매일의 일상적인 변화를 통해 느리게 점진적으로 변할까, 아니면 홍수·화산·지진 같은 거대한 사건들로 인해 단속적으로 급하게 변할까? 두 가지가 다 관여하겠지만, 어느 것이 더 주된 요인일까?

지구와 생물의 역사를 바라보는 과학자들에게서도 두 가지 상반된 시각이 존재한다. 그에 따라 지구의 역사와 생물의 역사에 대한 상이한 해석들이 나온다.

변하지 않는 세계

유럽 철학과 과학의 출발점이었던 고대 그리스 자연철학자들 중 주류는, 자연은 변화하지 않는다고들 생각했다. 대표적인 인물이 파르메니데스와 플라톤이다. 파르메니데스는 우리 눈에 보이는 변화 현상은 본질적인 것이 아니라 생각했다. 이 세계의 본질은 '변하지 않는 일자一者'라고 본 것. 그를 잇는 플라톤 또한 이 세계의 진정한 본질은 변화하지 않는 이데아라고 생각했다. 우리가 사는 현실은 이데아의 모사模寫로, 불완전한 원소로 이루어져 일정한 변화가 있지만 이는 그저 이데아를 닮아가는 변화일 뿐이라고 생각했다.

아리스토텔레스 또한 마찬가지였다. 그는 세상을 지상계와 천상계로 나누고, 천상계는 오직 주기적인 원운동만 있을 뿐이며 그 원운동 또한 변하지 않고 동일한 운동을 반복할 뿐이라고 주장했다. 지상계는 이와 달리 여러 변화들이 있으나 그 또한 지엽적인 부분에서의 변화일 뿐이다. 원래의 위치에서 벗어난 물질들이 자신이 있던 곳으로 돌아가는 운동만 존재하며, 그곳으로 돌아가는 순간 운동을 멈춘다.

이처럼 그리스의 세계관에서 변화란 본질적인 지점이 아니라 지엽적이고 부분적인 것이었고, 세계 그리고 우주는 크게 보았을 때 항상 그대로의 모습으로 존재했다.

그 후 기독교가 유럽 전체를 지배하면서 그 세계관이 스며들지만, 크게 보았을 때는 그리스적 세계관과 별다를 바 없었다. 창조의 순간과 계시록에 나타난 마지막 순간을 제외한다면 세계가 지속되는 동안 큰 의미의 변화는 없다. 하나님이 창조한 세계가 미숙할 리 없기 때문이다. 오로지 큰 변화는 예수 그리스도의 죽음과 부활, 그로 인한 원죄의 보속補贖뿐이다. 르네상스가 시작되고 아리스토텔레스가 다시 복권되었을 때도 이러한 기조는 바뀌지 않았다.

그러나 르네상스 후기 유럽의 근대가 시작될 무렵 생각이 서서히 바뀌기 시작했다. 로마 가톨릭의 종교적·세속적 지배력이 급속히 약화되었고, 대학을 중심으로 확보된 아리스토텔레스의 권위 또한 의심받기 시작했다. 우주가 영원불변할 것이란 기존의 도그마 또한 조금씩 균열이 가기 시작했다.

'물'에 의한 변화와 '불'에 의한 변화

바로 그 시기에 유럽 전체적으로 산업이 활발해지면서 석탄과 철의 수요가 증가함에 따라 광맥을 찾는 활동이 활발해졌고, 이에 따라 지층을 연구하여 광물의 존재여부를 따지는 지질학이 자연스레 발달하게 된다. 당시의 지질학이 당면한 문제 중 하나는 화석에 대한 해석이었고 다른 하나는 지층에 대한 해석이었다. 토양층 아래 드러난 땅들을 보면 대부분 팬케이크를 여러 겹 쌓은 뒤 자른 단면처럼 얇은 층(지층)이 켜켜이 쌓여 있다. 이런 지층이 생성되는 원인에 대해 두 가지 견해가 있었다. 하나는 화산 활동에서 영감을 얻어 화산에서 흘러나온 용암이 굳어서 암석과 지층을 이루었다는 것이고, 다른 하나는 강 하구의 퇴적작용에서 영감을 얻어 강이나 바다에 퇴적된 모래나 진흙이 굳어서 지층을 이루었다는 주장이었다. 전자를 화성론火成論이라 하고 후자를 수성론水成論이라 한다.

우선 수성론Neptunism에 대해 알아보자. 지각과 암석 형성 그리고 화석에 관해 본격적으로 논의를 시작한 이는 17세기 덴마크 출신의 니콜라우스 스테노Nicolaus Steno였다. 스테노는 원래 해부학자였는데, 어느 날 백상아리를 해부하는 과정에서 이탈리아 사람들에게 인기가 높았던 '혓바닥돌tongue stone'이란 화석이 백상아리의 이빨과 똑 닮았다는 걸 발견했다. 오늘날 우리는 화석이 과거에 죽은 생물의 흔적이라는 사실을 알고 있기에 이런 발견은 조금도 놀랍지 않을 것이다. 하지만 당시는 그렇지 않았다. 그때까지 사람들은 화석이 땅속에서 저절로 생겨나고 자라나는 것이라는 아리스토텔레스의 이론을 믿었다. 그에 따르면, '특별한 형성 미덕Extraodinary Plastick Virtue'이라는 것이 생물 모양을 닮은 돌을 만들어낸다는 것이다.

그러나 스테노는 혓바닥돌에 대한 관찰을 통해 그것이 땅속에서 자라는 일은 불가능하다고 결론을 내린다. 그리고 생물의 유해가 땅속에 묻혀서 형성되었을 것이라며 화석이 있는 암석은 홍수로 육지가 잠겼을 때 쌓인 퇴적물이라고 주장했다. 즉 홍수로 육지가 바다가 됐을 때 백상아리가 죽고 그 이빨이 바다 바닥에 떨어졌는데 그게 묻힌 채로 퇴적물이 쌓여 암석이 되었고, 홍수가 끝난 뒤 다시 육지가 되었다는 주장이었다.[1]

스테노는 이런 관점으로 지층과 암석의 형성에 대해서도 설명했다. 원래 옛날의 지구 표면은 모두 바다로 덮여 있었는데, 물이 빠지면서 일부 높은 곳이 육지가 되었다는 것이었다. 이를 '해양퇴각설'이라고 한다. 한편 당시 바다에 잠겨 있던 육지가 솟구쳐 올라 물 위로 나왔다는 '융기설'도 있었는데, 많은 이들이 융기설보다는 퇴각설에 더 끌렸다. 단단한 땅이 융기하는 것보다는 물이 어디론가 빠지는 것이 더 합리적이라고 생각했기 때문이다.

스테노의 해양퇴각설을 수성론으로 발전시킨 것은 독일의 지질학자 아브라함 고틀로프 베르너Abraham Gottlob Werner다. 당시 암석에 대해서도 그 기원을 두고 갑론을박이 있었다. 당시 사람들은 결정구조(암석에 포함된 광물들이 규칙적으로 배열된 형태)를 가지고 있느냐의 유무로 암석을 크게 두 종류로 나누었다. 결정구조가 없는 암석에 대해선 흙이나 모래, 자갈 등이 퇴적된 후 압력을 받아 형성된 것이라 모두들 생각했다. 그러나 퇴적이라는 방식으로 결정구조를 가진 암석이 만들어질 수 있는지에 대해서는 의견이 갈렸다. 흙 같은 것이 겹겹이 쌓여서 결정구조를 만든다고 상상하기 힘들었기 때문이다. 혹자는 결정구조를 가진 암석은 신의 천지창조 당시에 만들어진 것이라 생각했다. 하지만 그렇다면 최초로 만들어졌을 결정구조를 가진 암석이 퇴적층 위에 있는 경우를 설명하기가 힘들었다.

베르너는 결정구조가 있는 암석은 퇴적된 것이 아니라고 주장했다. 그는 대신 물에 녹아 있던 광물 성분의 침전으로 결정질 암석의 생성을 설명했다. 그에 따르면, 초기 지구는 아주 뜨거운 물로 모두 뒤덮여 있었는데 이 물이 식으면서 물에 녹아 있던 성분들이 침전되어 화강암 같은 결정질 암석이 만들어졌다는 것이다. 그리고 거대한 폭풍우가 몰아쳐 이 암석 표면을 가루로 만들었고, 폭풍우가 끝난 뒤 이 가루가 퇴적되어 비결정질 암석인 퇴적암이 형성되었다고 주장했다. 이후 지구 전체에서 물이 빠지면서 육지가 드러났고, 우리가 보는 것처럼 일반적인 침식과 퇴적이 일어나면서 육지의 표면이 지금 같은 모습을 이루었다는 것이다. 마치 양파껍질처럼 제일 밑에는 화강암이, 그 위에는 초기 대홍수 때의 퇴적암이, 그리고 마지막으로 최근의 화산활동에 의한 암석이 그 위에 쌓였다는 이야기다. 그러면 조개껍질이 산 위에서 발견되는 현상은 어떻게 설명할 수 있을까? 그는 조개들이 폭풍우에 휩싸여 산꼭대기로 올라갔다가 그곳에서 묻혔다고 주장한다.

이 주장은 스테노의 해양퇴각설과도 잘 맞았고, 노아의 홍수가 지구 전체를 뒤덮어 버렸다는 성경의 설명과도 합치되어 널리 받아들여졌다.

이에 대해 영국의 아마추어 지질학자였던 제임스 허턴James Hutton은 다른 의견을 내놓는다. 그의 주장은 열熱의 작용을 중시하기 때문에 화성론Plutonism이라고 불린다. 그는 결정질 암석은 지구 내부의 열기에 의해 녹았던 암석이 굳으면서 형성된 것으로 보았다. 이러한 지구 내부의 열기는 땅덩이를 융기시키는 동력이 되기도 하기 때문에 화성론은 융기설에 연결되었다. 그는 지표면이 끊임없이 침식되는 중이며, 이러한 손실을 보충하기 위하여 땅덩이가 융기된다고 주장했다. 또한 허턴은 지구 내부의 열이 융기를 일으킬 뿐 아니라 암석을 용융시키는(즉 녹이는) 역할도 하는 것으로 보았다. 용융된 암석인 마그마가 지표 아래나 지표 위에서 냉각되면서 결정질 암석이 된다는 것이다. 또한 이런 과정이 단발적인 것이 아니라 긴 순환을 이룬다고 생각했다. 침식에 의해 암석의 표면에서 깎여 나간 것들은 바다에 운반되어 퇴적된다. 이 퇴적물은 지하의 열작용에 의해 용융된 후 식어 암석이 되고, 동시에 융기하여 새로운 지표를 형성한다. 그러곤 침식 과정을 겪으며 다시 순환을 시작한다.

이처럼 허턴은 지구가 기본적으로 평형상태를 유지하고 있다고 생각했다. 즉 옛날이나 지금이나 지구의 모습이 별다를 바가 없다는 것이었다. 이는 훗날의 동일과정설과 이어지는 주장이다. 특히나 J. E. 게타르는 프랑스 산악 지형에서 그곳이 이전에 화산이었다는 사실을 발견하면서 예전에 화산이었던 곳이 지금은 활동을 멈춘 상태로 존재한다는 것을 확인했고, N. 데마레는 현무암이 마그마가 굳어져 생긴 화성암임을 밝혀냈다. 이런 성과를 이어 허턴은 과거에 화산활동이 지금의 화산 지형 외의 영역에서도 활발히 일어났고 그에 따라 결정질 암석이 화산 지형이 아닌 곳에 존재하는 이유를 설명할 수 있었다.

그러나 허턴의 화성론은 당시에는 인정받지 못했다. 먼저 화산활동이 과거에 더 활발했다고는 하지만 그렇다고 거의 모든 곳에 결정질 암석이 분포하고 있는 이유를 완전히 설명했다고 보기에는 무리가 있었고, 더 중요하게는 화성론에 따르면 암석과 지층 형성 과정에는 대단히 오랜 시간이 걸린다는 점이 걸림돌이었다. 당시만 해도 지구의 나이가 많아봤자 수천 년에서 수만 년을 넘어서지 않는다고 다들 생각했던 시기였다.

동일과정설과 격변설

영국의 찰스 라이엘Charles Lyell과 프랑스의 조르주 퀴비에Georges Cuvie는 수성론과 화성론의 프레임을 동일과정설과 격변설로 바꾼 게임체인저였다.

조르주 퀴비에의 격변설catastrophism은 현재 우리가 보는 지형들이 과거에 일어났던 수많은 격변들로 형성되었다고 보는 견해다. 퀴비에만이 아니라 당시 많은 과학자들이 주장한 내용으로, 동일과정설이 등장하기 전에는 박물학자나 지질학자들 사이에서 이런 견해가 주류를 이루었다.

격변설이 지지를 받았던 데는 두 가지 이유가 있다. 지층에 대한 직접 탐색이 늘어나면서, 현재 존재하고 있지 않은 많은 생물들의 화석이 발견되었던 것이 첫째 이유다. 학자들은 이 생물들이 왜 지금은 보이지 않는가에 대한 대답을 찾고 싶었다. 격변설은 과거에 거대한 천재지변이 일어나 당시의 생물들이 멸종되고 새로운 생물들이 출현했다는 것을 답으로 내놓았다. 여기서 노아의 홍수와도 연결되곤 했다.

또 한 가지 이유는 당시에 보편적으로 받아들여진 지구의 나이로는, 거대한 산맥의 형성이나 육지가 바다가 되는 과정을 급격한 격변으로밖에 설명할 수 없다는 것이었다. 앞서 서술한 것처럼 당시는 지구의 나이를 지금처럼 길게 보지 않았다. 성경을 가지고 계산하는 이들은 겨우 몇천 년 정도라고 제시했으며, 제대로 연구를

비단 종교인만이 아니라, 합리적 사고로 무장한 다수의 과학자들도 그랜드캐년과 같은 경이적인 풍경은 노아의 홍수와 같은 격변으로 만들어졌으리라 믿었다. 지구의 나이가 수십억 년에 달하리라곤 상상하지 못 했기 때문에, 지질학 초기에는 그것도 타당한 측면이 있었다.

하는 이들도 수만 년에서 수십만 년 정도를 가정할 뿐이었다. 이는 당시로는 당연한 결과라 볼 수 있다. 그 시기 과학자들은 지구가 탄생 초기에 뜨거웠으나 차츰 식어갔다고 생각했다. 그런데 만약 지구의 탄생이 아주 오래전이라면 지금쯤은 다 식어서 얼음장처럼 차가워졌어야 한다. 그러니 지구의 냉각 속도를 생각하면, 지구의 나이는 수십만 년 이상이 나올 수가 없었던 것이다. 지구 내부에서 핵분열에 의해 커다란 열에너지가 발생한다는 걸 알지 못할 때였다.

그런데 이들이 지층을 살펴본 바로는, 바다였던 곳이 거대한 산맥이 되고, 육지가 바다가 되었다가 다시 육지가 되는 과정도 있었던 것이 틀림없었다. 당시에 예상하고 있던 지구의 짧은 역사를 놓고 생각할 때 이는 결코 느긋하게 일어날 수 있는 변화가 아니었다. 그래서 순식간에 바다가 육지로 솟아오르고, 육지가 바다 속으로 꺼지는 격변이 일어났다고 생각했다.

이러한 격변설의 설명은 나름 과학적이면서도, 기독교적 사상에 아직 젖어 있던 이들에게 안심이 되는 내용이었다. 노아의 홍수와 같은 거대한 홍수가 지구를 여러 차례 덮쳐 바다가 되었던 곳이 홍수가 끝난 뒤 다시 육지가 되었으며, 홍수 이전의 생물들—매머드mammoth와 같은—은 모두 멸종되고 홍수 이후 새로운 생명들이 '신에 의해 창조'되었다는 것이었으니 말이다. 도대체 신이 왜 그렇게 쓸데없이 몇 번씩이나 생명들을 창조를 했는지에 대해서는 설명하지 못하는 게 문제였지만.

이 주장의 결정적인 약점은 구석기시대의 인류 화석이 매머드와 같은 멸종된 동물들과 함께 나오면서 불거졌다. 노아의 홍수 이전에 살았던 이미 멸종된 생물과 그 이후 창조된 인간이 어떻게 같은 곳에서 발견될 수 있는지 의구심이 들 수밖에 없었다.

그 대척점에 화성론의 맥을 잇는 영국의 지질학자들이 있었다. 이들은 전업으로 지질학만을 연구한 경우는 거의 없고 다른 직업을 가지면서 지질학을 연구하던 일종의 아마추어들이 대부분이었는데, 현재에 일어나고 있는 각종 지질 현상을 통해 과거를 알 수 있을 것이라 여겼다. 이들은 암석이 풍화되어 자갈이 되었다가 모래가 되고, 다시 빗물이나 강물에 휩쓸려가다가 강의 하구나 해안

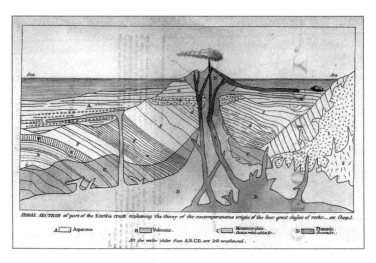

암석과 지층의 생성 과정을 설명하는 찰스 라이엘의 삽화. 그는 융기–침식–퇴적–하강–융기로 이어지는 수천만 년의 과정 속에서 화성암·퇴적암·변성암 등의 암석이 형성된다는 것을 보여주었다.

가에 퇴적되는 현상에 주목했다. 그리고 화산에서 흘러나온 용암이 굳어져서 대지를 만들고, 이 대지 위에 풀씨가 날아와선 뿌리를 내리고 자라는 과정도 관찰했다. 풀들이 뿌리를 내리면서 주변의 암석을 부수고, 아주 천천히 주변의 모래와 자갈 사이에 흙들을 생성하는 과정을 보면서, 아 이렇게 흙이 생기고 퇴적암이 생기는구나 깨달았다. 이들을 대표하는 이가 바로 영국의 찰스 라이엘이었다.

찰스 라이엘이 쓴 『지질학의 원리』는 근대 지질학의 체계를 확립한 책이었다. 그의 견해는 "현재는 과거에 대한 열쇠이다"라는 유명한 말로 대표되지만, 사실 이는 그의 독창적인 견해는 아니고 본래 제임스 허턴의 주장이었다. 그러나 라이엘은 제임스 허턴의 이 동일과정설Uniformitarianism을 끝까지 밀고나가 여러 지질 현상을 통일적으로 설명하고 체계를 확립해냈다.

동일과정설은 현재 우리가 관측하는 여러 지질 현상—풍화·침식·운반·퇴적·화산 분출—등이 과거에도 동일하게 이루어졌으며, 이러한 작은 변화들이 일어나는 정도는 과거나 지금이나 동일했다는 것이 핵심 주장이다. 즉 우리가 현재 목격하는 지층과 다양한 지형은 이러한 과거의 축적물이라는 것이다. 이러한 라이엘의 동일과정설은 격변 같은 예외적 사건에 의존하지 않고, 체계적이고 합리적으로 지질 구조를 설명함으로써 이후 지질학의 주류를 이루게 되었다. 그러나 여전히 불씨는 남아 있었다.

보통은 천천히, 때로는 빠르게 진행되는 변화

첫째는 앞서 말했던 지구의 나이 문제였다. 동일과정설에 의해 현재와 같은 산맥과 지층이 형성되려면 수천만 년에서 수억 년이 걸려야 하는데 당시로는 지구가 그렇게까지 나이가 들었으리라고는 아무도 상상하지 못했던 것이다.

사실 지구의 나이와 관련해서 가장 유명한 인사는 아일랜드의 제임스 어셔James Usser 주교일 것이다. 16세기 말에서 17세기 초에 살았던 이 주교는 지구가 기원전 4004년 10월 23일 정오에 창조되었다고 선언한다. 연도뿐 아니라 날짜와 시각까지 명쾌하게 밝힌 이 주장은 17세기 당시 커다란 반향을 불러일으켰고 18세기 초가 되어서야 진정되었다. 이후 프랑스의 뷔퐁은 지구가 내놓는 열을 계산해서 지구 나이를 7만5000년에서 16만8000년 정도로 추정했다. 그러나 이 주장은 성경에 비해 너무 길었고 뷔퐁은 파문의 위기에 몰리자 자신의 주장을 철회한다. 다윈은 『종의 기원』에서 영국 남부지방의 지질학적 변화가 3억 년에 걸쳐 이루어졌을 것이라고 주장했으나 엄청난 논란에 휩싸여 3판에서부터는 그 언급을 빼버리기도 했다. 주어진 지질학적 증거를 보면 지구의 나이가 많다고 추정할 수 있지만, 그렇게 오랜 세월을 거치면서 어떻게 현재의 온도로밖에 내려가지 않았냐는 것은 설명하기 힘들었다.

또 하나의 문제는 지구의 다양한 지질 구조의 문제였다. 동일 과정설은 말 그대로 현재 일어나는 일이 과거에도 일어난다는 뜻이다. 그렇다면 왜 어디는 높은 산맥이 있고 다른 곳은 대초원지대가 형성되는가? 바다가 된 곳과 육지가 된 곳은 어떤 차이에 의해서 이루어진 것인가? 왜 어떤 산은 석회암으로만 구성되어 있는데 또 다른 산은 화강암이 대부분인가? 화산과 지진은 특정 지역에서만 반복적으로 일어나는데 그 이유는 무엇인가? 이런 질문들이 자연스레 제기된다. 현재와 마찬가지로 풍화와 침식이 꾸준히 일어나고, 비와 강물에 의해 운반되어 낮은 지역에서 퇴적된다면 지구 전체로 봐서는 더 이상 히말라야나 안데스 같은 높은 산맥이 있으면 안 되고, 바다도 퇴적되어 점차 줄어들어야 한다. 즉 전체적으로 평탄한 지형이 만들어져야 하는 것이다. 그러나 화석 연구를 통해서 히말라야 같은 높은 산맥은 오히려 젊은 지층으로 구성되어 있고 초원지대는 오래된 지층으로 구성되어 있다는 것이 밝혀졌는데, 기존의 이론으로는 왜 이런 일이 일어나는지 묻는 질문에 답할 수가 없었다.

이런 의문들은 20세기를 거치면서 풀리게 된다. 물리학이 발전하면서, 방사성원소radioactive element들이 핵분열할 때 큰 에너지를 내놓는다는 사실이 밝혀졌다. 그 열에너지가 지구가 식는 걸 늦추고 있었던 것이다. 이로써 지구의 현재 온도가 설명되었다. 거기에 방사성동위원소Radioactive isotope를 통한 연대 측정법이 나오면서 지구의 나이를 정확히 측정할 수 있게 됐다. 그렇게 밝혀진 지구의 나이는 기존의 생각을 훌쩍 뛰어넘어 45억 살이 넘었다. 동일과정설이 가지고 있던 가장 큰 약점인 아주 오랜 시간을 거쳐야 현재의 습곡산맥 같은 지형이 만들어진다는 문제가, 실제로 지구 나이가 그걸 감당할 만큼 오래되었다는 사실로 인해 아무런 문제가 되지 않게 되었다.

또 20세기 초 폴 베게너가 대륙이동설을 제안하고(처음에는 지질학계의 주류에게 완전히 틀린 이론이라고 배척당했지만), 이후 맨틀대류설과 해저확장설을 거쳐 판구조론으로 완성되면서 동일과정설의 이론이 실제로 지구에 어떻게 작용하는지가 드러난다. 지구 내부의 3분의 2를 차지하는 맨틀이 아주 서서히 움직이고, 그 힘으로 지각을 이루는 여러 판들이 각기 다른 방향으로 1년에 몇cm 정도씩 이동을 한다. 그 느리고 느린 이동이 쌓여 한 편에서는 습곡

산맥이 만들어지고 또 다른 곳에선 몇*km* 깊이의 해구가 생긴다. 사람의 일생으로는 구분이 가지 않는 그 변화들이 현재의 지형을 만든 것이다. 이제 동일과정설은 지질학에서 거스를 수 없는 원칙이 되었다.

물론 과거에 격변이라 할 만한 아주 특별한 사건들 또한 있었음이 고지질학에서 밝혀지기도 했다. 지구 전체가 완전히 얼음으로 덮였던 눈덩이 지구Snowball Earth 사건이나 고생대 페름기 말 4*km* 두께의 용암으로 유럽 대륙만한 면적을 통으로 덮어버렸던 시베리안 트랩Siberian Traps 사건 같은 것은 몇천만 년, 몇억 년에 걸쳐 조금씩 이루어지는 대륙 이동과는 다른 아주 급박한 변화라 볼 수 있다. 물론 기존에 생각한 것만큼 짧지는 않고 최소한 수십만 년은 걸리긴 하지만, 지구 전체의 시간으로 보자면 아주 짧은 시간이다. 그러나 한편으로 이 또한 지구 역사 전체로 보면 일정한 시기마다 반복적으로 일어나는 일상적인 사건이라 볼 수도 있다. 지구의 나이가 45억 년이나 되다보니 눈덩이 지구 사건이나 시베리안 트랩 같은 전대미문의 사건으로 기억될 만한 일들도 여러 번 일어났기 때문이다.

진화의 경우

시선을 돌려 이번엔 생물학을 보자. 생물의 진화를 놓고도, 항시 변하지 않는 동일과정에 의한 점진적 변화와 특별한 사건에 의한 급격한 변화의 두 입장이 대립하기도 한다.

찰스 다윈이 진화론의 기본적인 구상을 이룬 것은 비글호를 타고 남아메리카와 대서양·태평양을 탐험할 때로 알려져 있다. 그런데 이 탐험을 떠나면서 다윈이 가지고 간 유일한 책이 라이엘의 『지질학의 원리』였다. 여기서 알 수 있듯 라이엘의 동일과정설은 찰스 다윈이 진화론을 구상할 때 꽤 중요한 영향을 끼쳤다. 다윈은 진화가 아주 작은 변이들이 겹쳐지면서 아주 서서히 일어나는 현상이라고 생각했다. 라이엘의 동일과정설이 지층의 형성은 아주 작은 변화가 꾸준히 중첩되면서 일어남을 적시했듯이, 다윈의 진화론도 작은 그러나 꾸준한 변화가 지금의 다양한 생태계와 생물 종을 형성했다고 주장했다.

다윈 주장의 핵심은 같은 종일지라도 개체마다 조금씩 다른 변이가 있고 그중 생존율을 높이고 더 많은 자식을 만드는 변이를 가진 개체가 자손의 수가 늘어나게 되고 따라서 그런 변이가 종의 다수를 차지하게 된다는 것이다. 그리고 다윈 이후 많은 생물학자들이 진화론의 디테일을 보완해가면서 다윈의 주장은 가설이 아니라 입증된 이론이 되었다. 멘델로부터 시작된 근대적 유전학과 돌연변이의 발견은 다윈이 주장한 변이가 같은 종 내에서 다양하게 나타난다는 것과 이런 변이들이 실제로 유전된다는 것을 입증했다. 그러면서 진화론에는 많은 발전이 있었지만 기본적인 틀은 다윈에서 한 치도 변하지 않았다.

한편 격변설의 시각이 생물학에도 존재했다. 특정한 시대에 나타나는 화석들이 비슷한 생물군을 형성한다는 것이 발견되면서 새로운 논쟁이 시작된다. 예를 들어 삼엽충은 고생대의 대표적인 화석인데, 고생대 지층에서 내내 발견되던 삼엽충의 화석이 중생대가 시작되자 갑자기 하나도 나타나지 않는다. 마찬가지로 중생대 내내 지상을 호령하던 공룡의 화석도 신생대가 시작하자마자 어디에서도 발견되지 않는다. 이러한 현상에 대해서 화석을 연구하던 지질학자와 고생물학자들 사이에서 고생대와 중생대, 그리고 중생대와 신생대 사이에 뭔가 커다란 사건이 일어난 게 아닌가라는 의문이 싹텄다. 그리고 이는 나중에 사실로 밝혀진다. 지구가 생기고 현재까지 약 45억 년이 흐르는 동안 지질학적으로 그리고 생물학적으로 특별한 시기가 있었다. 고생대가 시작된 이후 지금까지 지구의 생명 전체의 생존이 위협받는 중요한 시련의 시기가 몇 차례 있었다. 이런 시기를 우리는 대멸종Mass extinct의 시기라고 한다. 지구상에는 총 다섯 번의 대멸종이 있었고, 이 시기에 당시 생물종의 70%에서 많게는 95% 이상이 사라졌다.

사실 지질시대의 구분 자체가 생물종의 이런 급격한 변화에 많이 근거한 것이다. 고생대와 중생대는 고생대 말의 페름기 대멸종으로 구분되고, 중생대와 신생대의 구분은 중생대 말의 백악기 대멸종에 의해 이루어진다. 고생대와 중생대, 신생대 내 여러 시기 역시 많은 경우 이런 생물종의 급격한 변화로 구분된다. 그리고 고생대와 그 이전 시기의 구분 역시 대멸종은 아니지만 수많은 해양동물종이 갑자기 나타나는 고생대 초 캄브리아 대폭발로 지어진다.

생물종들의 이러한 급격한 변화는 다윈의 진화론이 가진 근본적 전제를 벗어나는 현상으로 보일 수 있었다. 19세기에서 20세기 초 사이에 정립된 진화론으로는 이런 현상을 설명하기에 부족함이 있었던 것이다. 근대적 진화이론을 제시한 찰스 다윈조차 만약 자신의 진화이론이 틀린 것으로 판명된다면 캄브리아 대폭발 때문일 것이라고 이야기할 정도였다. 고생물학 한편에서는 실제 진화가 사소한 변이의 꾸준한 축적에 의해 이루어진다는 주장이 과연 옳은가라는 의문이 일었다.

그리고 1972년에 고생물학자 닐스 엘드리지Niles Erdredge와 스티븐 제이 굴드Stephen Jay Gould는 '단속평형설斷續平衡說, punctuated equilibria'이라는 자신들의 획기적 이론을 담은 논문을 발표한다. 엘드리지와 굴드는 진화는 다윈이 생각했던 것처럼 일정한 속도로 서서히 진행하지 않는다고 주장했다. 그들에 따르면 점진주의의 증거가 화석 기록에 사실상 존재하지 않으며 생물의 역사에는 진화가 활발한 짧은 시기와 상대적으로 진화가 더딘 긴 시기가 있다는 것이다.

단속평형설은 생물의 진화가 띄엄띄엄, 즉 단속적으로 일어난다고 보았다. 생물은 생태계가 안정된 평형 상태에서는 오랫동안 거의 진화하지 않다가 빙하기의 도래나 운석 충돌 등으로 평형 상태가 깨지면 짧은 시간에 진화하거나 소멸한다는 것이다.

단속평형설이 처음 제시되었을 때 기존의 진화학자들은 격렬하게 반대했다. 다윈이라는 하나의 지적 도그마를 무너트리는 일이라고 여겼기 때문이다. 하지만 고생물학의 증거와 실제 연구를 통해 단속평형설의 입지는 진화론 속에 하나의 이론으로 다져져 갔다. 화석 연구에 따르면 박쥐가 현재와 같은 모습으로 진화하는 데 불과 몇백만 년 정도 걸렸는데, 그 후 4000만 년 동안은 기본적인 모습에 거의 변화가 없다. 육상동물이었던 고래가 현재의 모습으로 진화하는 과정도 매우 짧은 시간 동안에 이루어졌고 그 뒤론 지금까지 아주 오랜 동안 현재의 모습을 지니고 있다. 이런 사례를 통해서 보자면 어떤 생물종이 새로운 환경에 처하면 일정 기간 매우 강한 자연선택의 압력에 노출되어 새로운 환경에 적응하기 위해 빠르게 변화가 일어나지만, 어느 정도 적응이 끝나면 진화 속도가 크게 줄어든다고 볼 수 있다. 통계적으로 볼 때 평균 500만 년 정도 되는 종의 수명에 비추자면, 5만 년 정도에 걸쳐 이루어지는 종 분화의 과정은 '순간'이다.

하지만 아직도 단속평형설에 대한 비판이 사라진 것은 아니다. 『이기적 유전자』로 유명한 리처드 도킨스가 대표적인 비판자다. 도킨스는 『눈먼 시계공』에서, 점진론에서도 허용될 수준의 오차를 단속평형설이라는 이름으로 특별히 포장했다고 비판했다. 이런 도킨스의 주장은 지질학에서 동일과정설의 해석이 19세기와 20세기에서 많이 달라진 것과 동일한 궤적을 가진다. 처음 동일과정설에서는 지질학적 변화는 아주 작은 변화들이 꾸준히 모여서 만들어진 것이라고 주장했다. 하지만 지금의 동일과정설은 범위를 넓혔다. 지구 역사를 돌아보면 운석 충돌이나 거대한 화산 분화와 같이 평상시와 다른 급격한 변화가 나타나는 시기가 있다는 점을 인정하지만, 그조차도 장구한 지구의 시간 속에서 보면 일정한 시기마다 반복되는 일상적인 사건이라는 것이다.

도킨스가 이야기하고자 하는 바도 이와 같다. 한 종species의 변화를 볼 때 어떤 시기는 진화가 빠르고 어떤 시기는 더디지만 생명의 역사 전체로 보면 꾸준한 진화의 모습을 볼 수 있다는 의미다. 결국 단속평형론이 통째로 틀렸다는 이야기라기보다는 단속평형설 또한 점진적 진화라는 큰 틀 안에서 논의할 수 있다는 것이다.

사람도 일생을 통해서 보면 매일매일의 일상이 조금씩 변한다. 오늘이 어제와 조금 다르고 내일은 또 오늘과 조금 다르다. 하지만 이런 변화들 말고도 누군가와 가정을 새로 꾸리거나 직장을 구한다든지 아니면 새로운 식구를 맞이하는 등의 커다란 변화 또한 있다. 어제와 오늘을 확연히 다르게 바꾸는 변화 말이다. 그러나 인생의 마지막에서 되돌아보면 이런 커다란 변화 또한 인생의 여기저기에 꾸준히 박혀 있는 일이라고 볼 수 있는 것이다.

한 사람의 인생에서도 그러한데 수십억 년의 지구 역사와 또 그만큼의 생명의 역사에서는 두말할 나위도 없을 것이다. 그 긴 시간 동안 무수히 많은 작은 변화와 큰 변화들이 섞여서 역사를 만들어 왔을 것이다.

2장
빛의 정체를 밝혀라

입자설 VS 파동설

빛의 정체를 밝혀라:
입자설 VS 파동설

태양이나 별, 달의 빛이 아닌 인간 스스로 조절 가능한 빛을 이용한 첫 사례는 아무래도 구석기시대 불의 사용이었을 것이다. 그 시대 인류는 나뭇가지에 옮겨 붙인 불의 빛으로 밤을 밝혔다. 두번째 사례는 거울이었다. 약 8000년 전 터키의 아나톨리아에선 흑요석으로 만들어진 거울을 이용했다. 약 4000년 전 이집트에선 완벽한 상태의 거울이 사용되기도 했다. 3000년 전 아시리아에선 석영을 깎아 만든 렌즈가 만들어졌다. 거울은 빛의 반사를 이용하고 렌즈는 굴절을 이용한다.

반사나 굴절과 같은 빛의 성질을 이용한 것은 이처럼 아주 오래전부터지만, 그 빛의 성질을 탐구하기 시작한 건 고대 그리스부터였다. 유클리드의 책 『반사광학Catoptrics』에는 빛의 직진성과 반사의 법칙이 설명되어 있고, 클레오메데스Cleomedes는 빛의 굴절현상을 정량적으로 해석했다. 프톨레마이오스는 여러 매질에서 빛의 입사각과 굴절각에 대해 측정하고 기록했다.

또 고대 그리스의 자연철학자들은 인간이 어떻게 사물을 볼 수 있는가를 가지고 논쟁을 벌였다. 세 가지 다른 주장이 있었는데 눈에서 나온 빛이 사물에 닿았다가 반사되어 우리 눈에 들어온다는 주장이 하나고, 사물에서 빠져나온 빛이 우리 눈으로 들어온다는 것이 둘이며, 빛을 내놓을 수 있는 특별한 물질에서 빠져나온 빛이 사물에 부딪쳤다가 우리 눈으로 들어온다는 것이 셋이다.

이런 주장은 빛의 정체에 대한 논쟁으로 이어지는데 아리스토텔레스는 빛이 매질을 통해 전달되는 일종의 파동이라고 주장하고 데모크리토스는 빛 또한 원자의 한 종류로 입자라고 주장했다.

일찍이 고대 그리스와 헬레니즘 시대가 이룬 과학적 성과는 로마제국의 몰락과 함께 유럽에선 사라졌고 대신 이슬람으로 이어졌다. 빛을 다루는 광학도 마찬가지였는데 이슬람은 특히 광학에서 높은 수준의 발전을 이루었다. 10세기 이라크 출신의 이븐 알하이삼은 빛과 시각의 성립에 대한 거의 모든 측면을 연구했는데 그가 내린 결론은 빛이 입자라는 것이었다. 그가 쓴 『광학의 서』는 유럽으로 소개되었고 르네상스와 과학혁명 시기 유럽 광학에 커다란 영향을 미쳤다.

파동으로서의 빛

맑은 날 태양 아래 나서면 얼굴에 부딪치는 빛이 느껴진다. 태양으로부터 날아와 얼굴을 때리는 건 분명히 입자처럼 느껴진다. 하지만 평소 우리가 접하는 빛은 입자라기보다는 파동에 가까운 모습을 보일 때도 있다. 창에 쳐진 커튼 사이 좁은 틈으로 들어온 빛으로 방이 밝아지는 건 입자라기보다 파동에 가까운 모습이다. 과학자들 또한 빛이 입자인지 아니면 파동인지를 가지고 서로 논쟁을 벌여온 역사가 있다. 그 과정에서 빛에 대한 이해가 더욱 깊어졌다.

본격적으로 살펴보기 전에 먼저 파동에 대해 좀 알아보자. 우리가 일상에서 접하는 파동 현상으로 대표적인 것은 소리, 즉 음파가 있다. 수면에 돌을 던질 때 일어나는 물결파도 파동이고, 지진도 일종의 파동이다. 파동은 에너지를 전달하는 방식이다. 여러 개의 공을 고무줄로 연결해 수평 방향으로 탱탱하게 매달아놓았다고 해보자. 맨 왼쪽의 공을 아래로 친다. 이 공이 아래로 내려가면서 연결된 고무줄이 늘어난다. 늘어난 고무줄이 다시 줄어들면서 원래의 공은 위로 올라가고 진동이 옆의 공에도 전달된다. 그러면 옆의 공도 똑같이 위아래로 움직이고 마찬가지로 그 옆의 공에 다시 진동이 전달된다. 이런 일련의 과정을 살펴보면 고무줄과 연결된 공들은 위아래로 움직이지만 옆으로 이동하지는 않는다. 고무줄도 마찬가지다. 오로지 처음 공을 쳤을 때 공급되었던 움직임만이 옆으로 퍼져나간다. 즉 매질(파동을 전달하는 물질)은 제자리에서 진동만 하고 움직이지 않으며 에너지만 전달하는 것이다. 이런 것을 파동이라고 한다.

모든 파동 현상은 몇 가지 특징을 공유한다. 먼저 파동은 한 곳에서 시작해서 사방으로 퍼진다. 우리가 소리를 지르면 앞에서만 듣는 것이 아니라 사방에서 들을 수 있는 이유다. 또한 파동은 매질의 경계면에서 반사된다. 산에서 야호~라고 외칠 때 메아리를 듣게 되는 건 산에 부딪힌 음파가 반사되기 때문이다. 콘서트홀에서 연주를 들을 때 어느 자리에서 듣느냐에 따라 음악이 달리 들리는 것 또한 벽면에 반사된 음파가 도달하는 지점들이 조금씩 다르기 때문이다.

　파동은 또한 한 매질에서 다른 매질로 경계를 넘어설 때 속도가 달라지고 꺾인다. 이를 굴절현상이라고 한다. 냇물 속의 돌이나 물고기를 만지려 할 때 물 밖에서 본 위치보다 실제로는 더 아래에 있는 경우를 경험하곤 한다. 이는 빛이 공기와 물에서의 속도가 달라 꺾이면서 나타나는 현상이다. 그리고 파동은 진행하다가 장애물을 만나면 그 경계에서 휘어지면서 장애물 뒤쪽으로도 전달되곤 한다. 이런 현상을 회절Diffraction이라 하는데 담벼락 너머에서 누군가가 부를 때 담으로 막혀 있어도 들을 수 있는 것은 이 때문이다.

　빛에서도 이러한 반사·굴절·회절이라는 파동의 모습이 모두 나타난다. 좁은 틈을 뚫고 들어온 빛은 조금씩 퍼져나간다. 또한 빛이 물을 통과할 때, 혹은 유리를 통과할 때 꺾이는 것 또한 볼 수 있다. 따라서 이런 현상들을 꼼꼼히 관측한 이들이 빛을 파동이라 여긴 것은 합리적인 결론이다.

뉴턴이 명하자 빛은 입자가 되었다

빛이 입자라고 주장한 대표적인 과학자는 뉴턴이었다. 뉴턴은 만유인력의 법칙으로 유명하지만 백색광이 여러 색의 빛이 모인 결과라는 걸 증명한 광학의 선구자이기도 했다. 뉴턴 이전의 사람들은 빛의 색이 흰색과 검은색, 밝음과 어두움의 혼합에 의해서 생긴다는 아리스토텔레스의 주장을 그대로 믿고 있었다.(사실 이는 당시 흔하던 가짜 아리스토텔레스의 문서에서 유래한 것으로 실제 아리스토텔레스의 주장은 아니다.)

뉴턴이 케임브리지대학을 다닐 때 페스트가 유행하면서 2년간 학교가 폐교된 적이 있었다. 집으로 돌아온 그는 소일거리 삼아 프리즘을 가지고 여러 가지 실험을 하고 다녔다. 그는 백색광이 프리즘을 통과하면서 여러 색이 섞인 무지개를 만드는 것을 보고는, 빛이 여러 색으로 분할될 수 있다면 역으로 여러 가지 색의 빛들이 섞여서 백색광을 만드는 것이라는 발상을 떠올렸다. 또 프리즘을 통과하면서 빛이 여러 색깔로 나뉘는 이유는 색마다 굴절하는 정도가 서로 다르기 때문이라고 생각했다. 그는 프리즘을 이용한 실험으로 이런 자신의 가설을 증명했다. 먼저 좁은 틈으로 들어온 빛이 프리즘을 통과하며 여러 색깔의 빛으로 분산되는 것을 확인한다. 그리고 이렇게 분산된 빛 각각을 다시 프리즘에 통과시켰다. 이를 통해 이미 분산된 빛은 프리즘을 통과해도 더 이상 다른 색의 빛으로 나눠지지 않고 원래의 색을 유지한다는 것을 확인했다. 세번째로 그는 분산된 여러 색의 빛을 다시 프리즘에 역으로 통과시켜서 다시 백색광이 되는 걸 확인했다. 이렇게 백색광은 여러 색의 빛이 모인 것이란 점이 증명되었다. 이후 색 이론이 발전하면서 빨간색 빛과 녹색 빛을 합하면 노란색이, 녹색과 푸른색 빛을 합하면 청록색이, 빨간색과 푸른색 빛을 합하면 자홍색이 된다는 사실도 밝혀졌다. 현재 빛의 삼원색이라 부르는 이론은 뉴턴의 프리즘 실험에서 비롯된 것이다.

그는 또한 분리된 각각의 빛을 서로 다른 색깔의 여러 물체에 비춰봄으로써 어떤 물체에 닿든지 빛의 색은 변하지 않는다는 걸 증명하기도 했다. 뉴턴은 이를 논문으로 발표했지만 그 당시 아직 초짜 과학자였던 그의 혁신적 주장은 받아들여지지 않았다. 이에 실망한 뉴턴은 광학에 대해선 미뤄두고 중력을 포함한 역학 연구에 매진했다. 이후 당대의 최고 과학자가 되고 나서 뉴턴은 빛에 대한 자신의 주장을 정리하여 『광학optics』라는 책을 펴냈다. 그는 이 책에서 빛은 아주 작은 입자(소체)로 구성되어 있다고 주장한다. 그에 따르면, 빛을 본다는 건 빛 입자가 눈의 망막에 부딪치는 일이었다. 빛이 입자가 아닌 파동이라면 우리 눈의 망막에서 빛을 받아들인다는 게 불가능하다고 생각했다. 또 그는 고유한 색과 고유한 굴절률이 있는 여러 종류의 빛 입자가 있다고 주장했다. 백색광이 프리즘을 통과하면서 무지개색이 나타나는 건 그래서라는 이야기다. 반사 또한 마찬가지로 빛 입자가 물체의 표면에서 부딪쳐 튀어나오는 현상으로 설명했다. 빛 입자가 반사된다고 입자의 종류가 바뀐 것이 아니기 때문에 부딪치기 전과 동일한 종류의 색이 나타난다. 빛의 분산과 합성, 반사와 굴절 등은 빛이 입자라고 여기는 뉴턴의 이론으로 모두 설명이 가능했다.

당시 뉴턴의 권위는 대단해서 이제 과학자들은 이전과는 달리 뉴턴의 광학이론을 전반적으로 받아들인다. 하지만 뉴턴의 광학이론은 주로 굴절에 관련된 것이라서 빛이 파동으로서 가지는 다양한 현상에 대해선 별다른 주장이 없었다.

이에 반해, 비슷한 시기에 네덜란드의 물리학자 크리스티안 하위헌스Christiaan Huygens는 빛이 파동이라고 주장한다. 하위헌스는 빛이 파동의 성질을 모두 가지고 있다는 것을 이유로 내세웠다. 또한 파동의 반사와 굴절 그리고 회절을 간단한 수식으로 풀이했는데, 현재도 다양한 파동의 반사와 굴절에 대해 이 하위헌스의 법칙을 이용해 풀이를 하고 있을 정도이다. 그가 제시한 법칙은 빛에도 여지없이 들어맞았다. 당시는 망원경과 현미경 그리고 보다 대중적이게는 안경 등 거울과 렌즈를 이용한 다양한 발명품들이 인기를 끌고 있었는데, 이런 거울과 렌즈를 제작하고 실제 사용하는 과정에서 하위헌스의 법칙은 대단히 유용했다.

이렇듯 당대에 빛의 다양한 성질에 대해 수학적으로 간명하고 정확한 설명을 한 쪽은 하위헌스라고 할 수 있다. 따라서 하위헌스의 파동설을 지지하는 과학자들도 처음엔 적지 않았지만, 뉴턴의 권위 아래 그리고 그의 저서 『광학』이 가지는 수학적 엄밀함에 뉴턴의 입자설이 주류를 차지하게 됐다.

빛은 전자기파라는 이름의 파장이었다

사태가 변한 것은 19세기였다. 토머스 영Thomas Young이란 아마추어 과학자가 실험을 통해 빛이 파동이라는 움직일 수 없는 증거를 제시한 것이다.

파동에는 간섭 현상이 있다. 두 개의 파동이 겹쳐지면서 파동의 진폭이 커지거나 작아지는 것을 말한다. 서로 같은 방향으로 움직이는 파동이 만나면 진폭이 커지고 반대 방향으로 움직이는 파동이 만나면 진폭이 작아진다.

연못의 서로 다른 자리 두 곳에 돌을 던진다고 해보자. 돌이 떨어지면서 그 두 곳을 중심으로 수면파가 생겨 연못 전체로 퍼져나간다. 두 수면파가 서로 만나는 장소마다 간섭이 일어나는데 같은 방향이면 보강간섭이 되어 수면파의 일렁임이 커지고, 반대 방향이면 상쇄간섭이 되어 일렁임이 줄어든다. 자료 사진에서 밝게 나온 부분은 물이 볼록하게 솟는 방향으로 보강간섭이 된 것이고, 어두운 곳은 오목하게 내려간 방향으로 보강간섭이 된 곳이다. 그리고 퍼져나가는 물결을 가로지르며 방사형으로 선이 위에서 아래로 몇 개의 가닥으로 나 있다. 이 부분이 상쇄간섭이 일어나면서 수면이 움직이지 않는 부분이다.

토머스 영은 빛이 파동이라면 이런 간섭 현상을 관찰할 수 있을 거라고 생각하고 다음과 같은 실험을 계획했다.

일단 등을 하나 박스 안에 둔다. 그리고 그 박스 역시 더 큰 박스

두 개의 파동이 겹쳐질 때 나타나는 간섭무늬. 간섭무늬는 파동에서만 일어나는 대표적인 현상이다.

안에 두었다. 작은 박스의 한쪽 면에는 아주 얇고 긴 틈이 있어 빛이 간신히 새어나올 수 있게 했다. 그리고 그 틈으로 나온 빛이 향하는 큰 박스의 면에 두 개의 얇고 긴 틈을 두었다. 이제 작은 박스에서 새어나온 빛은 퍼지다가 두 틈을 만나 다시 그 틈들로 빠져나온다. 그 뒤에 스크린을 둬서 빠져나온 빛이 만든 무늬를 관찰할 수 있게 했다.

만약 빛이 입자라면 두 틈새로 빠져나간 입자들이 중심 부분에 가장 많이 부딪칠 테고 양 옆으로 가면서 차츰 그 숫자가 줄어드니 스크린에 비치는 무늬는 가운데가 가장 밝고 양 끝으로 가면서 차츰 흐려질 것이다. 반대로 만약 빛이 파동이라면, 물결처럼 간섭무늬가 나타날 것이었다.

결과는 어땠을까? 스크린에 맺힌 상은 토머스 영의 예상대로였

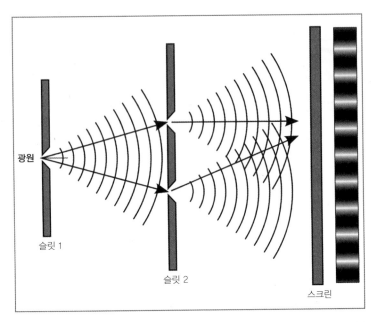

토마스 영의 이중 슬릿 실험 개념도. 이 실험으로 빛은 파동이라는 사실이 의심의 여지 없이 증명되었다. 그런데 시간이 흘러 과학자들은 빛은 파동이면서 입자이기도 하다는 기묘한 진실을 마주하게 된다.

다. 벽면의 무늬는 중심에서 좌우로 밝은 부분과 어두운 부분이 반복적으로 나타났다. 이런 현상은 파동의 간섭에 의한 현상으로밖에는 설명할 수가 없었다. 파동이 가진 여러 가지 성질 중 반사·굴절·회절 등은 어떻게든 입자로도 설명이 가능하지만 간섭 현상만은 입자로서는 설명이 불가능하다. 빛은 파동이었던 것이다. 기존의 통설을 한방에 뒤집은 토머스 영의 이 실험은 '이중 슬릿(좁고 기다란 틈)' 실험이라 불리며, 물리학에서 수행된 가장 놀랍고 획기적인 실험 중 하나로 꼽힌다.

토머스 영의 실험 이후 빛의 파동성이 널리 받아들여졌고 입자설은 폐기되기에 이른다. 이후 이를 더욱 공고히 한 사람이 나타나는데 바로 제임스 클라크 맥스웰이다. 그는 본래 빛이 아니라 전기電氣와 자기磁氣에 대한 연구에 매진했는데, 그 이전부터 전기력과 자기력이 상호 작용한다는 건 잘 알려져 있었다. 그래서 전하를 띤 물체나 자기력을 가진 물체가 가속운동을 하게 되면 그 주변으로 전기장과 자기장이 퍼져나가게 된다. 그런데 맥스웰은 이 현상을 연구하다가 전기장과 자기장이 상호 작용하면서 퍼져나가는 속도가 바로 빛의 속도와 같다는 것을 밝혀냈다. 즉 전자기의 파장이 빛이라는 결론이 나온 것이다. 이때 맥스웰이 사용한 방정식이 바로 파동방정식이다. 그리하여 빛은 전자기파electro-magnetic wave라는 새로운 이름을 부여받는다.

그러면서 사람들은 빛의 색이 왜 다른지, 또 밝기가 다른 것은 무엇 때문인지도 알게 되었다. 빛의 색은 파동의 진동수에 의해 결정되고 빛의 세기(즉 밝기)는 파동의 진폭에 의해 결정된다. 진동수가 높을수록 빛은 빨주노초파남보의 무지개에서 보라색 쪽으로 변하고(빨간색 빛이 가장 진동수가 낮으며 보라색 빛이 제일 높다. 빨간색보다 진동수가 낮은 빛은 적외선으로 우리 눈에 보이진 않는다. 보라색보다 진동수가 높은 자외선도 있으며 역시 눈에는 보이지 않는다) 진폭이 커질수록 더 밝아진다. 이는 소리가 진동수에 의해 음높이가 결정되고 진폭에 의해 크기가 결정되는 것과 완전히 동일한 현상이다.

토머스 영의 실험과 맥스웰 방정식에 의해 빛은 이제 완전히 파동이었음이 밝혀졌다.

다시 빛을 입자로 보다

그런데 19세기 말에서 20세기 초에 이르는 시기, 빛과 관련해 두 가지 곤란한 문제가 있음이 드러났다. 하나는 우주의 문제고, 다른 하나는 지상의 문제였다. 먼저 우주의 문제를 살펴보자.

태양 빛이 지구에 닿으려면 빛의 속도로 약 8분 정도 걸리는 거리를 달려야 한다. 그리고 빛은 파동이니 당연히 매질이 있어야 한다. 물결은 물을 통해, 소리는 공기를 통해 전달되듯 빛이 무엇을 통해 전달되는지가 문제였다. 지구와 태양 사이 빛의 파동을 매개하는 매질은 무엇인가? 당시 사람들은 우주 공간이 에테르란 물질로 가득 차 있다고 생각했기 때문에 처음에는 이를 큰 문제로 여기지 않았다. 그런데 19세기 말에서 20세기 초에 이르기까지 이 에테르를 발견하기 위한 실험이 여러 번 있었는데 아무리 애를 써도 결코 에테르를 발견할 수 없었다. 눈에 보이지도 않고, 만져지지도 않으며, 중력이나 전자기력과 상호작용도 하지 않으니 대체 어찌된 영문인지 알 수 없었다.

이 문제를 해결한 것은 아인슈타인이었다. 그는 1905년에 특수 상대성이론을 발표했는데, 여기서 빛은 매질 없이 전달된다는 것이 밝혀진다. 따라서 에테르는 애초에 필요하지도 않고 존재도 하지 않는다. 빛은 다른 물질과는 달리 대단히 독특한 성질을 가진다. 어느 방향으로 움직이는 사람이든 빛의 속도를 측정하면 항상 30만km/h로 일정하다. 즉 빛을 따라가면서 측정하든 빛과 반대방향으로 가면서 측정하든 빛의 속도는 변하지 않는다는 것이다. 빛이 이런 성질을 가지는 이유는 정지질량이 0이기 때문이며, 질량을 가진 어떤 물체도 빛의 속도를 따라잡을 수 없다는 것이 특수상대성이론의 한 결론이다. 그런데 이런 주장은 빛을 입자로 여겼을 때 가능한 이야기다. 파동은 질량을 가진다 혹은 가지지 않는다는 것 자체가 성립할 수 없기 때문이다. 아인슈타인이 명시적으로 빛을 입자라고 이야기하진 않았지만, 특수상대성이론은 빛을 입자처럼 여기는 이론이다. 따라서 빛은 매질 없이 움직일 수 있으며, 그런 의미에서 에테르는 존재의 의미가 사라지는 것이다. 물론 이 말은 빛이 완전히 입자고 파동은 아니라는 뜻은 아니다. 빛은 파동의 성질을 가지면서 동시에 입자의 성질도 가지고 있다는 의미다.

특수상대성이론 자체는 워낙 실험과 정확히 맞아떨어지는데다 이론 자체로도 훌륭했기 때문에 물리학계 전반에 받아들여졌지만, 빛이 매질 없이 전달될 수 있다는 주장은 쉽게 받아들여지기 힘들었다. 그래서 1905년 이후로도 근 몇십 년 동안 빛의 매질, 즉 에테르를 찾기 위한 헛된 실험이 계속 이어졌지만 모두 실패했다.

또 다른 문제는 광전光電효과였다. 광전효과란 빛이 금속의 표면에 닿으면 금속에서 전자가 튀어나오는 현상을 말한다. 광전효과 자체는 그 이전부터 사람들에게 알려져 있었다. 전자기파인 빛은 그 자체로 에너지다. 빛이 금속 표면에 부딪치면 그 에너지가 표면의 전자에게 전달된다. 전자가 금속 표면에 머무는 것은 금속의 원자핵이 전자를 잡아끄는 힘을 벗어날 수 있을 만큼의 에너지가 없기 때문인데, 빛이 그 에너지를 공급하면 자연스레 탈출하는 전자가 생긴다. 광전효과는 현대 사회에 여러모로 활용되고 있다. 태양광발전도 이를 이용하고, 광케이블을 통한 광통신도 이를 이용한다. 이제 잘 사용되지 않는 콤팩트디스크CD나 블루레이 디스크도 이 현상을 기반으로 만들어진 기술이다.

문제는 이 광전효과가 여러모로 기이하게 나타난다는 점이었다. 광전효과를 확인하는 다양한 실험이 있었다. 그 대부분은 빛의 에너지를 다양하게 조절하며 비춰서 전자가 언제쯤 튀어나오는지, 또 얼마나 많이 튀어나오는지를 확인하는 것이었다. 빛의 에너지를 높이는 방법은 당시 알고 있기로 두 가지였다. 먼저 빛의 '밝기'를 높인다. 즉 전등을 하나 켜던 걸 두 개 혹은 세 개 이렇게 늘리는 것이다. 두번째로는 빛의 '색'을 조절하는 것이다. 빛은 진동수가 클수록 더 많은 에너지를 가지며 진동수에 따라 색이 달라진다. 그래서 진동수를 높이면 빛이 빨간색에서 보라색 쪽으로 변하면서 더 큰 에너지를 가지게 된다. 자외선이 우리 피부를 상하게 하는 것이 그 때문이다. 자외선은 보라색보다 진동수가 더 크고, 그만큼 에너지도 더 많다. 그 에너지가 우리 피부의 세포를 파괴하는 것이다.

먼저 빛의 세기를 높여봤다. 즉 금속 표면에 닿는 빛을 더 밝게 했다. 이렇게 전달하는 에너지를 더 크게 하면, 예상할 수 있는 결과는 두 가지다. 더 많은 전자가 나오거나, 튀어나오는 전자 각각이 가진 에너지가 더 많을 것이다. 둘 다일 수도 있고. 실제로 실험한 결과, 튀어나오는 전자의 개수는 늘어나지만 각 전자가 가진 에너지는 이전과 변함이 없었다.

두 번째로 빛의 진동수를 높여봤다. 예컨대 빨간색 빛을 비추다 파란색 빛으로 바꾸는 것이다. 이 또한 전달하는 에너지가 커진다. 따라서 이 경우에도 전자가 더 많이 나오거나, 더 많은 에너지를 가지고 나올 것이다. 그런데 이 경우에는 튀어나오는 전자의 개수는 변함이 없고, 각각의 전자가 가진 에너지만 이전보다 커졌다. 결국 광전효과로 나오는 전자의 개수는 빛의 밝기에만 좌우되고, 전자 한 개가 가진 에너지는 색에 의해서만 좌우된다는 결론이 나왔다. 똑같이 에너지 전달을 늘리는 건데, 왜 빛의 밝기를 키웠을 때와 진동수를 높였을 때 결과가 다르게 나타날까?

더 큰 의문은 진동수가 낮은 빛은 아무리 많이 비추어도 전자가 튀어나오지 않는다는 것이었다. 특정 진동수 이상의 빛을 비출 때만 전자가 튀어나왔다. 빛이 파동이라면 이건 설명이 어려운 현상이었다. 진동수가 낮은 빛이라도 많이 비춰서 에너지를 많이 전달하면 전자가 나와야 할 텐데 말이다.

이 문제를 해결한 것 또한 아인슈타인이었다. 그는 특수상대성이론을 발표한 1905년에 광전효과에 대한 논문 또한 발표했다. 그는 이 논문에서 빛을 입자로 보자고 제안한다. 빛을 파동으로 보는 관점에서는 빛의 색을 결정하는 것이 진동수였지만, 입자로 본다면 색을 결정하는 것은 입자 하나가 가진 에너지가 된다. 또한 빛의 밝기는 파동의 관점에서는 진폭에 의해 결정되지만, 입자의 관점에서는 입자의 개수가 그걸 결정한다. 이렇게 빛을 파동이 아닌 입자로 보면 광전효과가 쉽게 이해된다.

빛이 무수한 알갱이(입자)로 이루어져 있고, 빛이 금속 표면에 닿을 때 빛 알갱이가 금속의 전자와 부딪힌다고 생각해보자. 전자나 빛 입자나 엄청 작기 때문에, 거의 대부분 전자 입자 하나와 빛 입자 하나가 충돌하게 된다. 그러면 전자가 흡수할 수 있는 것은 빛 입자 하나의 에너지뿐이다. 빛이 건네준 에너지 일부는 전자가 금속 표면을 벗어나는 데 쓰이고 나머지는 전자의 운동에너지가 된다.

이것이 일정 진동수 이하의 빛을 비췄을 때는 전자가 튀어나오지 않는 이유다. 빛 입자 하나가 가진 에너지가 전자를 금속에서 탈출시킬 만큼 크지 않은 것이다. 그리고 빛 입자가 가진 에너지는 색으로 표현된다. 파란색 빛 입자 하나가 빨간색 빛 입자 하나보다 더 많은 에너지를 가지고 있으니, 파란색 빛 입자와 부딪힌 전자가 더 많은 운동에너지를 가지게 된다. 하지만 빛의 색을 바꾸는 건 각각의 빛 입자가 가진 에너지가 변하는 것일 뿐이어서 빛 입자와 부딪혀서 튀어나오는 전자의 수는 변함이 없다.

반대로 빛이 더 밝아진다는 것은 빛 입자의 개수가 더 많아진다는 뜻이다. 그만큼 더 많은 전자와 부딪히고, 따라서 튀어나오는 전자들의 개수도 늘어난다. 하지만 이 경우 빛 입자 하나의 에너지에는 변함이 없고, 따라서 튀어나오는 전자의 에너지도 변함이 없는 것이다. 아인슈타인은 이렇게 광전효과의 수수께끼를 풀어내 노벨 물리학상을 받았다.

자, 이제 그럼 빛은 다시 파동이 아닌 입자인 걸까? 다시 뉴턴으로 돌아가는 것일까? 그렇지 않다. 아인슈타인도 광전효과 논문에서 빛은 입자의 성질도 가지고 파동의 성질도 가진다고 밝혔다. 간섭무늬를 만들 때의 빛은 파동이고, 광전효과를 일으킬 때의 빛은 입자다. 이를 빛의 이중성duality라고 한다. 기묘하게 느껴질지라도 빛의 이중성은 실험으로 증명된 분명한 사실이다.

그러나 이런 결과를 받아들이면서도 못내 찝찝한 것은 어쩔 수 없다. 다른 물리 현상에서는 입자와 파동이 명확히 구분이 되는데 왜 빛만 그렇지 않은가에 대해 누구나 의문을 가질 수밖에 없는 것이다.

양자역학과 빛

빛이 파동과 입자의 이중성을 가진다는 데 불만을 가졌던 다른 사람들과 달리 빛(정확하게는 빛의 입자인 광자)이 입자와 파동의 이중성을 가진다면, 다른 물질들도 파동과 입자의 이중성을 가질 수 있을 거라고 역발상을 한 사람이 있었다. 프랑스의 귀족 출신 물리학자 드 브로이de Broglie다. 그는 박사학위 논문에서 물질의 이중성을 다뤘다. 이를 통해 물질도 일종의 파동으로 여길 수 있다는 주장을 하면서 그 물질파가 어떻게 나타날지 수식으로 예측을 해봤다. 그리고 실험을 통해 정말 물질도 입자와 파동의 이중성을 가지고 있다는 것이 증명되었다. 파동인 줄 알았던 빛이 입자의 성질을 가진 것처럼 입자로만 여겼던 물질들도 이제 파동의 성질을 가지니 둘 사이의 경계가 약간 흐릿해졌다.

이 둘의 경계를 더 많이 무너트린 것은 아인슈타인의 특수상대성이론이다. 그 이론의 결과 중 가장 유명한 것이 아마 $E=mc^2$이라는 식일 것이다. 핵발전과 핵폭탄의 원리를 만들어준 식으로 유명하지만, 사실 가장 중요한 의미는 에너지와 질량(즉 물질)이 등가라는 점이다. 무슨 말일까? 에너지는 질량이 될 수 있고, 질량은 에너지가 될 수 있다는 말이다. 핵폭탄의 엄청난 위력은 원자의 핵이 분열할 때 질량의 일부가 에너지가 되면서 나오는 것이다. 그런데 여기서 에너지는 곧 빛이라고 생각해도 된다.(빛은 질량이 없는 에너지 덩어리라고 할 수 있다.) 물질은 자신이 가진 질량을 에너지, 즉 빛으로 만들 수 있다. 이제 빛과 물질은 등가가 된다. 물질과 빛을 나누는 가장 큰 차이 중 하나가 사라진 것이다.

아인슈타인의 광전효과와 드 브로이의 물질파는 20세기 초 서서히 자기 모습을 드러내던 양자역학이 정립되는 데도 큰 역할을 한다. 제2차 세계대전 이전 양자역학을 고전 양자역학이라 한다면 전후 새롭게 정비된 양자역학, 즉 현대 양자역학을 표준모형Standard Model이라고 한다. 표준모형이 정립되면서 빛에 대한 인식은 다시 한 번 바뀌게 된다.

표준모형에서는 이 세상을 구성하는 기본 입자를 크게 두 가지 보손boson과 페르미온fermion으로 나눈다.● 페르미온으로는 전자나 양성자와 중성자를 구성하는 쿼크 등이 있고, 보손에는 광자나 글루온, W보손, Z보손 등이 있다.

페르미온은 쉽게 말해서 흔히 우리가 물질이라고 생각하는 것들을 구성하는 기본 입자이고, 보손은 힘을 매개하는 입자다.(보손에는 힘을 매개하는 입자들 말고도 다른 입자들도 있다.) 그런데 페르미온은 하나의 상태를 둘이 공유할 수 없고, 보손은 하나의 상태를 둘 이상이 공유할 수 있다. 즉 원자를 구성하는 입자인 전자(페르미온)는 둘이 같은 곳에 있을 수 없지만, 빛의 입자인 광자(보손)는 같은 곳에 둘이 겹쳐질 수 있는 것이다.

빛이 파동이라 여겨졌던 데는 빛이 서로 겹쳐질 수 있다는 것도 한 이유였다. 무대에서 조명이 하나 둘 켜지면서 주인공을 비추면 주인공이 선 지점이 점점 밝아진다. 조명에서 나온 빛이 겹쳐지면서 발생하는 일이다. 빛이 입자라면 이런 일은 불가능해 보였다. 그런데 이제 어떤 입자는 겹쳐질 수도 있다는 걸 알게 되었다. 빛이 입자면서도 겹쳐지는 이유는 그것이 보손 입자이기 때문이었다.

물론 보손이 빛만 있는 것은 아니다. 강한 상호작용을 매개하는 글루온gluon과 약한 상호작용을 매개하는 W보손과 Z보손도 보손

● 어떤 입자가 페르미온이냐 보손이냐는 각 입자들이 가지는 스핀spin 값으로 결정된다. 스핀은 전하나 질량처럼 물질이 가지는 고유한 양인데, 이 값이 분수면 페르미온이고 정수면 보손이다.

입자다.* 그 외에도 중간자 등과 같은 다양한 보손들이 있다. 다만 빛 이외의 다른 보손의 경우 일상생활에서 그 존재를 발견하지 못하기 때문에 빛만이 서로 겹쳐지는 특별한 모습을 보이는 것이다. 이 또한 빛을 특별하게 만든 이유라 할 수 있다.

결국 빛뿐만 아니라 모든 물질은 입자와 파동의 이중성을 가진다. 하지만 우리가 현실에서는 그 이중성을 경험할 수 있는 건 빛이 유일했던 셈이다. 여기까지가 현대 과학이 밝혀낸 빛의 정체다. 우리가 일상에서 만나는 유일한 힘(전자기력)의 매개입자, 우리가 만나는 유일한 보손, 이 자체로도 빛은 특별하다.

● 표준모형에서는 이 우주의 근본적인 힘을 네 가지로 규정한다. 즉 중력, 전자기력, 강한 상호작용, 약한 상호작용이 그것이다. 그리고 이 힘들은 모두 매개 입자를 통해 서로 전달된다. 중력은 아직 확인하지 못한 중력자, 강한 상호 작용은 글루온, 약한 상호작용은 Z보손과 W보손이, 그리고 전자기력은 광자photon가 힘의 매개입자이다.

3장

힘이 작용하는 방식은 무엇인가

접촉 VS 원격

힘이 작용하는 방식은 무엇인가:
접촉 VS 원격

고대 그리스의 주신 제우스는 맘에 들지 않는 인간이 눈에 띄면 올림푸스 산의 권좌에서 창을 바닥에 내리쳤다. 그러면 마른하늘에서도 날벼락이 떨어졌다. 북유럽의 주신 토르는 적들이 몰려들면 바위에 망치를 내려쳤다. 그러면 온 하늘에서 천둥이 울려 그 충격음에 적들은 배가 터져 죽었다. 여호수아와 이스라엘 백성들은 하나님의 명을 받잡아 칠일 동안 여리고 성을 돌았고, 마지막 날 제사장들이 나팔을 불고 모든 백성들이 외치자 적들의 여리고 성이 힘없이 무너져내렸다. 이렇듯 신화에 나오는 신들의 이적은 허공을 건너뛴 채 대상에게 작용했으니 한갓 인간은 상상을 초월하는 그 힘에 놀라 무릎을 꿇었던 것이다.

그러나 신이 아닌 인간과 다른 모든 생명 그리고 자연조차 그렇게 허공을 건너뛰어 힘을 쓸 순 없다. 집을 지으려면 숲으로 가서 나무에 도끼질을 해서 베어버리고, 다시 줄로 묶어 끌고 와서 톱으로 자르고, 망치로 못을 박는 내내 나무와 직접 접촉을 해야 한다. 마블 영화의 닥터 스트레인지가 아니면 누구나 그러하다. 우리는 대상과 접촉하지 않고 그것을 변화시킬 순 없는 존재다. 신화적 힘과 현실세계의 힘은 이렇듯 다르다.

그 현실세계에서 우리가 마주치는 물리학적 힘Force은 중력·전기력·자기력·탄성력·마찰력·수직항력·표면장력·원심력·관성력 등 다양하다. 하지만 이 힘들을 자세히 들여다보면 마찰력이나 탄성력·수직항력·표면장력·원심력·관성력 등은 더 근본적인 힘인 전자기력이 두 물체간의 상호작용에서 서로 다르게 나타나는 모습이다. 앞서 열거한 힘들 중 근본적인 힘은 중력과 전자기력(전기력과 자기력은 본디 하나의 힘이다)뿐이다. 물론 세상의 여러 가지 힘이 이 두 가지로 수렴된다는 사실이 밝혀진 것은 200년 정도밖에 되질 않는다. 그리고 100년 정도 전에 근본적인 힘이 두 가지가 더 있다는 사실도 밝혀지지만, 새로 밝혀진 이 두 힘 '강한 상호작용'과 '약한 상호작용'은 일상생활에서 그다지 눈에 띄는 활약을 하진 않는다.

이 힘에 대해 오래된 그리고 아직 현재진행형인 논쟁이 있다. 힘이 작용하려면 물체에 접촉해야만 하는가 아니면 공간을 뛰어넘어 작용할 수 있는가의 문제다. 직관적으로 생각하면 힘은 접촉해야만 작용할 것처럼 보인다. 아무리 뛰어난 배구선수도 손바닥으로 배구공을 직접 치지 않고 스파이크를 넣을 수 없고, 아무리 훌륭한 목수도 망치를 못에 대지 않고 못을 나무에 박을 수 없다. 하지만 또 다르게 자연현상에서는 서로 떨어져 있는 사물끼리 상호 작용을 하는 듯한 현상도 있다. 번개는 공중의 구름과 지상 사이에 수km를 떨어져 나타나고, 자석은 떨어져 있는 쇳조각을 끌어당긴다. 태양은 그 먼 곳에서 지구에 빛을 보내온다. 과연 힘은 어떻게 작용하는 것일까? 2000년이 넘게 진행중인 논쟁을 들여다보자.

아리스토텔레스—힘은 접촉해야 행사할 수 있다

시작은 고대 그리스였다. 처음 과학과 철학의 문을 연 그리스의 자연철학자들은 세상 만물을 변화시키는 동인動因에 대해 신에 기대지 않고 자연 안에서 답을 찾기 위해 노력했다. 그 대표적인 인물이 아리스토텔레스였다. 그는 다양한 종류의 변화와 그 변화의 원인을 나눠 이야기했는데 그중 하나가 물체의 이동에 관한 것이었다. 그는 물체를 움직이게 하는 원인을 두 가지로 나누었다. 하나는 물체에 내재된 속성이고 다른 하나는 외부의 힘이었다.

먼저 물체에 내재된 속성에 의한 운동을 아리스토텔레스는 '자연스런 운동'이라고 지칭한다. 그의 주장에 따르면 지상계의 물질은 물·불·흙·공기의 4원소가 적당히 섞여서 만들어진다. 이때 공기나 불의 속성이 많은지 아니면 흙이나 물의 속성이 많은지에 따라 서로 다른 자연스런 운동을 한다. 공기와 불은 원래의 위치가 천상계와 지상계의 경계이므로, 이 속성을 많이 가진 물질은 위로 올라가는 자연스런 운동을 한다. 반대로 흙과 물은 우주의 중심이자 지구의 중심인 곳이 원래의 위치이므로, 이 속성을 많이 가진 물질은 아래로 내려가려는 자연스러운 운동을 한다. 불을 피우면 그 열기가 위로 올라가고, 물을 끓이면 수증기가 위로 올라가는 것은 불과 공기의 속성 때문이고, 바위를 굴리면 아래로 내려가고, 비가 하늘에서 지상으로 떨어지는 것은 물과 흙의 속성 때문이라는 이야기다.

하지만 천상계는 좀 다르다. 지상계와 달리 4원소가 아닌 에테르라는 다섯번째 원소가 천상계의 물질을 만드는 단독 원소라고 생각했다. 에테르의 작용으로 천상의 물체들은 완전하며 이상적인 원운동을 하게 된다. 아리스토텔레스뿐만 아니라 당시 그리스의 자연철학자들 사이에서 원은 완전함을 상징한다고 여겨졌다. 그리스뿐만 아니라 당시의 메소포타미아나 이집트 그리고 멀리 인도에서도 원운동은 완전한 운동이라는 생각이 널리 퍼져 있었다. '우로보로스의 뱀'이라 하여 서로 꼬리를 물고 둥글게 또아리를 튼 뱀은 영원성의 상징이기도 했다. 시작과 끝이 없는 원의 모습에서 완전성과 영원성을 떠올린 것으로 보인다. 어쨌든 아리스토텔레스는 천상의 별·달·태양이 원운동을 하는 것은 외부 힘의 작용이 아니라 에테르라는 원소에 내재된 속성에 기인한다고 주장했다.

원소의 속성에 의한 자연스런 운동 외의 모든 운동, 즉 원래의 자리를 벗어나 다른 자리로 이동하는 과정은 외부의 힘이 작용한 '부자연스런 운동'이라고 아리스토텔레스는 주장한다. 이때 외부의 힘은 물체에 접촉해야 작용할 수 있다. 즉 원격으로는 작용하지 않는다.

아마도 체계적으로 물체의 운동을 정리한 최초의 이론이었을 아리스토텔레스의 주장은 이렇듯 물체의 운동을 내재적 속성에 의한 자연스런 운동과 외부의 힘에 의해 일어나는 자연스럽지 않은 운동으로 구분한다. 또한 외부의 힘은 접촉을 해야 작용한다고 선언한다. 아직 초보적이지만 아리스토텔레스는 힘이란 접촉에 의해서만 작용한다는 중요한 원리 하나를 천명했고 이는 이후 오랫동안 힘의 작용에 대한 절대적 원칙으로 자리잡았다.

그러나 아리스토텔레스의 이러한 설명에서 벗어난 듯이 보이는 물체가 있었다. 바로 자석과 호박琥珀이었다.(자석magnet이란 명칭은 고대 그리스의 마그네시아라는 에게해 서쪽 지방에서 자석이 많이 발견돼 유래했다고도 하고, 마그네스라는 목동이 자석을 발견해 그 이름이 붙었다는 설도 있다.) 어찌 되었든 고대 그리스에서 자석의 존재는 이미 잘 알려져 있었다. 그런데 자석에는 신비한 힘이 있어 접촉하지 않고도 주변의 철을 끌어당기는 성질이 있었다. 호박도 마찬가지였다. 먼지가 묻은 호박을 천으로 문질러 깨끗이 닦으면 오히려 주변의 먼지를 끌어들여 이전보다 먼지가 더 많이 묻어버렸다. 물론 아리스토텔레스도 이런 사실들을 잘 알고 있었다.

다른 물체에 접촉하지 않고도 끌어당기는 묘한 힘을 가진 존재. 당시 아리스토텔레스의 이론으로는 이들을 설명하기 곤란했다. 그래서였을까 아리스토텔레스는 이들에 대해 별다른 언급을 하지 않는다. 세상 수많은 물체들은 모두 아리스토텔레스의 설명에 따라

고대 사람들도 호박과 같은 매끄러운 물체를 천으로 문지르고 나면 먼지나 머리카락 등이 분붙는다는 사실을 알고 있었다. 전기를 의미하는 영어 단어 electrocity도 호박을 뜻하는 그리스어에서 유래한 것이다. 그러나 그 안의 원리를 이해하기 위해서는 2000년이 더 흘러야 했다.

움직이고 있었고, 단지 두 개의 물체만 조금 이상했으므로 다른 사람들도 이 둘에 별다른 신경을 쓰지 않았다. 또 오직 접촉에 의해서만 힘이 작용한다는 것도 보편적으로 받아들여졌다.

이는 아리스토텔레스의 설명이 가지는 상식적이고 직관적인 성격에도 기인하는 것이었다. 상식적으로 힘이 작용하려면 힘을 행사하는 주체가 힘을 받을 대상과 만나지 않고는 방법이 있겠는가 말이다. 우리가 공을 차려면 발끝이 공에 닿아야 하고, 야구공을 치려면 배트가 공에 닿아야 한다. 무협소설에서나 손바닥을 미는 시늉으로 멀리 있는 상대에게 타격을 입힐 수 있을 뿐이다. 결국 원격으로 힘이 작용한다는 것은 자연적이지 않은 현상에서나 가능한 일이라는 게 일반적인 사람들의 생각이었고, 아리스토텔레스는 이를 정리한 데 불과한 셈이다.

하지만 당시에도 원격에 의해서 작용하는 힘이 있다고 생각하는 이들이 있었는데, 그들은 초월적 존재가 그 힘을 행사한다고 믿었다. 가령 번개가 치는 것이나 앞서 들었던 전기력과 자기력 같은 것이 그를 증명한다고 생각했다. 이런 생각은 이후 주류는 아니나 하나의 경향으로 이어지게 된다. 더불어 자석은 우리가 알지 못하는 불가사의한 힘의 표상으로서 연금술에서 즐겨 사용하는 도구가 된다.

윌리엄 길버트―자석은 어떻게 멀리서 작용하는가

중국의 나침반이 이슬람을 거쳐 유럽에 소개가 된 것은 대략 14세기 무렵이었다. 여행을 하는 이들에게 나침반은 대단히 유용한 물건이었다. 더구나 바다를 건너는 이들에게 나침반은 이전과 다른 항해를 가능하게 해주었다. 그 효용으로 중세의 말에서 르네상스 초기에 걸쳐 나침반은 여행객과 상인, 뱃사람들을 중심으로 급속히 퍼져나갔다. 새로운 물건이 들어오면, 더구나 아주 신기한 성질을 가진 것이라면 그에 대한 온갖 속설이 생기는 것은 당연하다. 물론 이전에도 자석의 신기한 속성, 즉 멀리 떨어진 쇠 등을 잡아끄는 모습을 연금술사들이 주목해 신비한 도구로 사용하기는 했지만 일부에 국한된 일이었다. 하지만 나침반은 자석의 이러한 특징과 더불어 항상 일정한 방향을 보여주는 성질이 덧붙어 그 신비로움이 더욱 커졌다. 현대의 우리 중 일부도 말도 되지 않게 게르마늄이 특별한 효능을 가진다고 믿거나 육각수나 수소수를 신봉하듯이 그 신비로움에 기댄 속설들이 퍼져나갔다.

16세기 영국의 물리학자이자 의사였던 윌리엄 길버트William Gilbert는 이에 관심을 가졌다. 그는 나침반과 자석들이 가지고 있는 모든 속설을 확인하고자 했다. 로저 베이컨 이래 내려오던 경험주의적 전통에 충실했던 그는 몇 년간의 실험을 통해 자석의 성질에 대해 속속들이 파헤쳐 그 결과를 『자석에 관하여』란 책으로 발표한다.

그는 이 책을 통해 자석에 대한 대부분의 속설이 틀렸음을 낱낱이 파헤치고, 그 성질에 대해 정확한 실험 결과를 밝힌다. 그리고 결정적으로 지구가 커다란 자석임을 증명한다. 나침반의 N극은 지구의 북극을 향하는데 지구가 둥글다보니 적도에서는 수평으로 눕지만 위도가 올라갈수록 N극이 조금씩 밑으로 눕는 현상이 발생한다. 길버트는 지구 형상의 자석을 깎은 다음 자석의 위아래에서 나침반의 N극이 아래로 굽는 각도가 실제 위도에 따라서 나침반의 굽는 정도와 동일함을 보여준다. 그의 책은 2세기 이상 유럽에서 자기력에 관한 교과서로 여겨졌다.

그는 또한 코페르니쿠스의 지동설에 동의하고 적극적으로 지지했다. 태양과 같이 커다란 천체가 지구처럼 작은 천체 주위를 도는 것이 합리적이지 않다고 생각한 것이다. 그런데 지동설에 대해 고민하다보면 필연적으로 행성들로 하여금 태양 주위를 공전하게 하는 힘이 무엇이냐는 질문에 도달하게 된다. 아리스토텔레스의 우주관에서는 지구가 우주의 중심이며 모든 천체는 천상계를 이루는 제5원소인 에테르의 내재적 속성 때문에 운동한다고 설명했지만, 태양 중심설의 눈으로 보자면 우주와 지구가 서로 다른 원소로 구성되었다는 주장이나 그에 내재된 속성으로 운행한다는 주장도 의심스러워졌기 때문이다.

그러나 길버트는 태양을 중심에 둔 행성의 공전운동에 대해서는 별다른 주장을 하지 않는다. 그의 주된 관심은 지구 자체였으며, 지구라는 커다란 자석과 지구상의 물체 간의 관계였다. 천체 사이에 작용하는 힘에 대한 문제를 본격적으로 다룬 것은 그와 비슷한 시기를 살았던 요하네스 케플러였다. 케플러의 이야기를 하기 전에 길버트가 자기력에 대해 어떻게 생각했는지를 조금 더 확인해보자.

길버트는 자기력을 연구했지만 힘이 원격으로 작용한다고는 생각하지 않았다. 자기력은 분명 겉으로 보기에 공간을 넘어서 다른 자석이나 철에 작용한다. 그러나 길버트는 아리스토텔레스 이래로 확고히 내려온 지구중심설은 부정했으나 자기력이 원격으로 작용한다고 선언하는 것으로는 나가지 못했다. 그 대신 그는 자기력을 '살아 있는 영혼'과 유사한 것으로 보았다. 자석들은 원래 지구의 한 부분이었지만 떨어져 나온 것이고, 따라서 원래 자신이 지구의 한 부분이었을 때 가지고 있던 방향성을 현재도 보여주고 있다는 것이다. 이러한 속성을 그는 영혼이라고 표현했다. 그에게서 자기력이란 '살아 있는' 지구의 영혼이었다. 물론 이런 주장은 당시 유행했던 르네상스 자연주의 전통인 물활론物活論과 일정 부분 닿아 있는 측면도 있다.

그리고 그의 태양중심설은 이러한 살아 있는 지구를 우주적으로 확장할 수 있게 만드는 이론적 근거가 된다. 그는 '태양 자체가 우주의 작용자이자 추동자'라고 주장하며 또한 우주의 모든 천체는 구의 형상을 가지는데 "우주의 주요한 부분인 모든 구체는 그 자체로 존속하고 그 상태를 유지하기 위해 영혼이 함께하지 않으면 안 된다"[2]고 봤던 것이다.

결국 길버트가 생각한 자기력이란 아리스토텔레스가 '내재적 속성에 의한 자연스러운 운동'이라고 봤던 천체의 원운동이나 지상계의 수직운동과 같은 내재적 원인으로 이루어지는 것이어서, 외부의 힘이 작용할 필요가 없었던 것이다.

케플러—태양으로부터 나온 '어떤' 힘

유럽의 대부분이 어떻게 믿든 그리고 교회가 뭐라 하든, 시간이 흐르면서 천문학자들은 대부분 코페르니쿠스의 지동설에 지지를 보내고 있었다. 뒤이은 케플러의 연구 또한 지동설을 강력하게 뒷받침했고 갈릴레오의 여러 발견에 이르러서는 과학자들, 최소한 천문학자들 사이에선 지동설이 이미 진리의 영역에 들어서게 되었다. 하지만 그와는 별개로 지동설은 역학에 또 다른 심각한 문제를 던졌다.

아리스토텔레스의 운동이론은 우주의 중심이 지구라는 전제 아래 성립된 것이다. 그런데 우주의 중심은 이제 지구가 아니라 태양이 되었다. 가령 들고 있던 돌을 놓으면 아래로 떨어지는데 이전에는 이를 지구의 중심, 우주의 중심으로 향하려는 돌의 속성으로 설명했다. 그렇다면 이제 돌은 어떻게 움직여야 할까? 중심을 향하는 속성대로 움직인다면, 우주의 중심은 태양이니까 낮에는 태양을 향해 위로 올라가고 밤에는 태양을 향해 아래로 내려가야 한다. 그렇지 않다는 건 이미 모두 알고 있다. 어디서든 언제든 돌은 아래로 떨어진다. 그렇다면 무슨 이유 때문일까?

또 하나의 문제는 천상계와 지상계라는 구분이 사라졌다는 점이다. 지동설에 의하면 지구는 태양 주위를 도는 다른 행성과 같은 행성일 뿐이다. 이제 지구도 우주의 한 일부이지, 우주와 대립하는 독자적인 세계가 아닌 것이다. 따라서 물질에 내재된 속성에 따라 우주—천상계—에서는 원운동을 하고 지상에서는 수직운동을 한다는 개념의 전제가 사라져버렸다.

이제 지구를 포함해서 행성들이 어떤 외부의 힘에 접촉되지 않고도 어떻게 태양 주위를 돌고 있는지에 대한 설명이 요구되었다. 길버트의 자기력은 이에 대한 유력한 후보였다. 하지만 자기력이 구체적으로 어떻게 작용하는지에 대해선 누구도 제대로 대답하지 못했다. 더구나 그 먼 거리에서 자기력이 작용한다면 접촉해야만 힘이 작용할 수 있다는 전제가 완전히 깨져버리는 문제도 있다. 이 당시 과학(당시의 이름으론 자연철학)을 하는 이들은 아직도 원격으로 작용하는 힘이란 개념을 도입하기 주저하고 있었다.

여기서 잠깐 중력 개념의 태동을 살펴보고 넘어가자. 코페르니쿠스는 『천체의 회전에 대하여』에서 중력을 원래의 자리로 돌아가려는 운동이라고 이야기했다. 그런데 이 개념은 아리스토텔레스가 말한 것처럼 4원소 중 흙이나 물이 우주의 중심을 향한다는 의미와는 달랐다. 코페르니쿠스는 이미 태양이 우주의 중심이라 이야기했기에, 그렇다면 지구에 존재하는 물체가 아래로 떨어지는 것에 대해 그 이유를 해명해야 했다. 그 이유로 그는 모든 천체의 물질들에는 원래의 자리로 돌아가고자 하는 고유한 속성이 있으며, 원래 하나였던 상태로 돌아가려 한다고 주장했다.

길버트 또한 모든 천체는 그 자신의 '무게'에 의해 하나로 뭉쳐지고 단단하게 만들어져서 그 구성 성분들은 각각의 중심으로 향하게 된다고 주장했는데, 여기서 '무게gravitas'라는 중력의 시원적 개념이 나타난다. 하지만 길버트의 경우 행성과 태양의 관계에서 이 중력이 작용하는지, 또 중력이 자기력과 어떤 관계인지에 대해 명확히 밝히고 있지 않다. 그리고 중력에 대한 코페르니쿠스나 길버트의 주장은 중력을 각 천체와 천체에 속한 물체들 사이의 관계로 국한하고 있었다.

이런 상황에서 독일의 수학자이자 천문학자인 요하네스 케플러가 나타났다. 먼저 그는 여러 관측자료를 토대로 태양으로부터의 거리가 멀어질수록 행성의 공전주기가 길어진다는 것을 발견했다. 또한 태양으로부터의 거리 이외에 행성의 크기나 질량 등 여타 요소는 아무런 영향을 끼치지 않는다는 것을 확인한다. 토성은 목성보다 작지만 공전주기는 더 길다. 또한 화성도 지구보다 작지만 공전주기는 더 길다. 수성에서 토성까지(당시 발견된 행성은 수성과 금성·지구·화성·목성·토성만이었다) 모든 행성이 그러했다. 그리고 공전주기의 제곱이 태양으로부터의 거리의 세제곱에 비례한다는 사실을 밝힌다. 즉 행성의 공전주기와 속도를 결정하는 것은 태양의 어떤 작용이라는 의미다. 그렇다면 그것은 무엇인가?

케플러는 윌리엄 길버트의 자기력에 관한 연구에 깊은 영감을 얻었고, 이를 통해 태양계 내 행성의 운동을 설명하고자 했다. 그는 초기 저술에서 이를 '운동령'이라는 일종의 물활론적 개념으로 이야기한다. 당시 길버트를 비롯하여 당시 과학자들 중 많은 이들이 운동을 일으키는 일종의 '영혼'을 일컬었던 걸 보면 자연스러운 일이다. 그러나 케플러는 이후 이렇게 말한다.

영anima이라는 단어를 힘vis이라는 말로 바꾸면, 『신천문학』(케플러의 저서—인용자)에서 기초를 쌓고 '개요' 제4권에서 완성된 천계의 물리학의 근원이 된 근본 원리가 얻어진다. (…) 이전에 나는 행성을 움직이는 원인은 영이 틀림없다고 믿고 있었다. (…) 즉 이 힘은 문자 그대로의 의미는 아니지만 적어도 막연한 의미에서는 어떤 물체적인

것이다.[3]

그렇다면 케플러에게 이 힘은 무엇이었을까? 케플러는 길버트의 자기력에 대한 주장에 깊이 영향을 받았으며, 스스로 밝혀낸 태양과의 거리에 따른 공전 속도에 대한 비례식을 통해 이 영향이 태양으로부터 기원한 어떤 힘이라는 지점으로 나아가고 있었다. 그리고 그 결론은 자기력이었다. 태양은 커다란 자석이며 행성 또한 모두 자석이다. 태양으로부터 나오는 자기력이 행성을 태양과 행성을 잇는 선의 수직 방향으로 움직이게 한다는 것이었다. 이제 태양을 중심으로 하는 행성의 공전운동은 서로 접촉하지 않아도 작용하는 원격의 힘에 의해 일어나고 있다는 결론에 거의 도달하게 되었다. 그러나 케플러에게 이 힘이 원격이냐 아니냐는 사실 아주 중요한 문제는 아니었으며, 그에 대해 엄격하게 구분하고 있지도 않았다. 그 결론은 뉴턴이 내게 된다.

뉴턴—중력은 원격으로 작용한다

역병이 창궐하면서 뉴턴은 대학을 벗어나 집으로 돌아갔다. 사과가 떨어지는 것을 보고 중력을 떠올렸다는 잘 알려진 이야기는, 중력이 이미 당시 과학자들 사이에서 논의되고 있었고 뉴턴도 그 사실을 알고 있었다는 걸 생각하면 별 근거가 없는 속설이다. 하지만 시골집의 사과나무 아래서 자신의 사유를 깊게 만든 것은 어쩌면 사실일지도 모른다. 어쨌든 그는 역병을 피해 시골에 있는 동안 자신의 생각을 가다듬어 2000년간 유지되어오던 아리스토텔레스의 역학을 근본부터 뒤집는 새로운 역학을 만든다.

그의 유명한 만유인력의 법칙law of universal gravity 을 살펴보자. 이 $F=G\frac{Mm}{r^2}$ 라는 식은 누구나 한번쯤 봤을 것이다. 여기서 M과 m은 두 물체의 질량을 의미하고, r은 두 물체가 떨어져 있는 거리를 의미한다. 즉 두 물체 사이에는 질량의 곱(Mm)에 비례하고 거리(r)의 제곱에 반비례해서 끌어당기는 힘(중력)이 작용한다는 게 이 식의 의미이다.(G는 고정된 상수로 크게 신경 쓸 것이 없다.) 이제 행성들이 태양 주위를 공전하게 하는 힘의 정체가 밝혀졌다. 또한 지구 위의 모든 물체가 왜 땅으로 떨어지는지에 대한 이유도 드러났다. 모두 중력이었다. 그런데 이 식에서는 r이라는 거리만큼 떨어져 있는 둘 사이에서 중력이 어떻게 작용하는지는 설명되지 않는다. 식은 그저 r만큼 떨어진 두 물체가 그냥 서로 끌어당기는 힘을 가진다고만 이야기한다. 뉴턴은 고대 그리스 이래로 우주에 존재한다고 믿어졌던 에테르에 대해 부정하지 않았지만, 그렇다고 에테르가 중력에 대해 어떤 역할을 한다고도 이야기하지 않았다. 지상에서도 지구와 지구 위의 물체 사이엔 공기나 기타 다른 물질이 있지만 그들이 둘 사이에 뭔가를 중계하지 않는다. 물체들은 그저 서로 떨어져 있으면서 '원격으로' 서로에게 힘을 전달한다.

그는 아무런 거리낌 없이 중력이 원격의 힘이라고 선언한다. 아리스토텔레스가 힘은 접촉에 의해 작용한다고 선언한 이래로 어느 누구도 이 정도로 단호하게 원격의 힘을 주장하진 못했다. 더구나 그는 원격으로 작용하는 이유 따위는 제시하지도 않는다. 그냥 원격으로 작용하니까 원격으로 작용한다는 건데 거기 무슨 토를 다느냐는 식이다. 『프린키피아』에서 그는 "나는 가설을 세우지 않는다"라고 주장한다. 그 세우지 않은 가설 중 하나가 바로 중력이 원격으로 작용하는 이유다.

여기에는 영국의 경험론적 전통이 한몫하고 있다. 기실 뉴턴의 두 법칙은 다른 법칙에서 연역된 것이 아니라 실제 물체들의 운동을 살펴보았더니 그렇더라는 귀납적 공리이다. 귀납적으로 확인된 사실을 설명하기 위해 수학적 계산을 했을 뿐이니 그 수학적 계산에 어떤 가설이 요구될 이유가 없다는 의미이기도 하다. 그로선 어떤 경우에도 자신이 틀릴 리 없다는 확신이 있기도 했다. 그러니 구구절절 왜 그런지를 설명할 필요가 없었다. 어쩌면 그가 연금술에 심취했던 것도 한 이유일 것이다. 연금술을 하는 이들은 우주에 인간이 아직 모르는 비밀스러운 원리가 있어 사물의 변화를 일으킨다고 생각했다. 그 원리의 작용은 당연히 사물에 직접 접촉할 필요도 없었다. 그러니 중력의 작용도 그냥 신비로운 것으로 보는 데 거부감이 없지 않았을까.

데카르트와 하위헌스—힘은 접촉으로 작용한다

영국과 프랑스는 앙숙관계로 유명한데 이는 국민감정에서만 나타나는 것이 아니다. 과학에서도 영국의 과학자들과 프랑스의 과학자들은 여러 방면에서 서로 대척점에 선다. 17세기 이후 근대 과학의 성립 과정에서 보면 당시의 프랑스는 유럽 대륙을 대표한다고 해도 과언이 아니었다. 17세기 들어 영국의 왕립학회와 프랑스의 왕립아카데미는 유럽의 과학계를 대표했고, 특히 프랑스의 왕립아카데미는 유럽의 다른 나라에선 일종의 벤치마킹 대상이었다.

뉴턴이 처음 이 두 법칙을 제시했을 때도 당연히 프랑스를 비롯한 유럽의 반발이 있었다. 특히 '원격'으로 작용하는 힘에 대해 영국을 제외한 유럽 대륙의 과학자들은 단호히 반대한다. 대표적인 인물이 르네 데카르트René Descartes와 하위헌스다. 데카르트는 철학자이자 과학자였고 수학자이기도 했다. 과학자로서의 그는 기계론자였다. 즉 세상은 물질과 물질의 운동으로 모든 설명이 가능한 곳이라 생각했다. 거기에 더해 기계론자들은 물질 자체는 활동성이 없어서 스스로 운동할 수 없고 외부의 힘에 의해서만 가능하다고 생각했다. 이런 점에서 물질 내부의 어떤 속성(즉 영혼)에 의한 운동을 주장했던 물활론자들과는 대척점에 서 있다고 볼 수 있다. 또한 외부의 힘은 물질간의 충돌로만 전달된다고 생각했다. 직접 충돌하지 않고 거리를 둔 상태에서 작용하는 힘은 기계론적 철학이 강력히 거부하는 신비스러운 그리고 초자연적인 개념으로, 이들로선 도저히 받아들일 수 없는 것이었다. [4]

데카르트와 하위헌스는 행성의 운동에 대해 뉴턴과 다르게 원심력이란 개념을 도입한다. 이들에 따르면 우주는 에테르로 가득 찬 곳이다. 모든 물질은 충돌에 의해 서로 힘을 주고받는데, 그러려면 떨어져 있는 물질 사이에도 보이지 않는 무엇이 있어야 했던 셈이다. 따라서 아무것도 없는 것처럼 보이는 곳에도 힘을 전달하는 매개체 역할을 하는 물질이 가득해야 했다. 그들은 그 물질로 아리스토텔레스 이래로 유구한 역사를 지닌 에테르를 제시했다.

팽이를 돌리기 시작하면 팽이가 그 주변의 사물들을 튕겨내는 걸 볼 수 있다. 팽이가 도는 힘이 주변의 물질들을 바깥쪽으로 밀어내는 것처럼 보이는데 데카르트와 하위헌스는 이를 원심력에 의한 현상이라고 생각했다. 이들은 태양도 마찬가지로 자전하면서 주변 물질에 원심력을 미친다고 보았다. 원심력은 에테르를 통해 소용돌이 모양으로 우주로 뻗어나가고, 각 행성에 전달된다고 생각했다.

여기서 원운동과 원심력의 관계에 대해 잠깐 생각해보자. 끈의 한쪽 끝에 돌멩이를 매달고 다른 쪽 끝을 잡고 돌리면 돌멩이는 원운동을 한다. 그러다 잡은 손을 놓아버리면 그 순간 돌멩이는 그리던 원의 궤도 바깥으로 날아간다. 돌멩이를 바깥으로 나가게 하는 이 힘을 원심력이라고 부른다. 원심력의 방향은 손과 돌멩이를 잇는 끈에 수직인 방향이다. 데카르트와 하위헌스는 이 원심력이 행성을 움직이게 하는 근본적인 힘이며, 이 힘은 태양으로부터 소용돌이 형태로 나온다고 보았던 것이다.

이들의 주장은 대륙의 많은 과학자들에게 지지를 받았다. 하지만 데카르트의 원심력 이론은 실제로 계산을 통해 행성의 운동을 확인할 수 없는 관념적인 이론에 그쳤다. 하위헌스가 나름대로 계산이 가능하도록 발전시켰지만, 이들의 주장은 뉴턴에 비해 수학적 정교함이 떨어졌고 실제 관측과 부합하지 못한 측면이 계속 드러나면서 점차 유럽 대륙의 과학자들도 뉴턴의 이론을 지지하기 시작했다. 또한 원심력은 실제 존재하는 힘이 아니라 움직이는 물체의 관성 때문에 나타나는 현상일 뿐이라는 것도 뉴턴의 역학으로 밝혀졌다.

뉴턴의 이론이 지지를 받으면서 힘이 원격으로 작용한다는 데 거부감은 한결 줄어들었다. 물론 아직도 많은 과학자들은 힘의 원격 작용이 불편했다. 우리가 주변에서 보는 흔하게 보는 대부분의 힘이 접촉에 의해서만 이루어진다는 직관적 사실과 배치된다는 것 때문만은 아니었다. 그 원격 작용의 원리나 이유를 알 수 없었다는 게 과학자들을 찜찜하게 만들었다. 뉴턴이 말했듯이 그저 그런 걸 어쩌란 말이냐는 식의 주장에 동의하긴 쉽지 않았다.

어찌 되었건 뉴턴의 영향력은 컸고, 다른 영역에서도 뉴턴의 중력이론과 같은 물리 이론을 만들려는 시도가 이어졌다. 그 시도 중 아주 행복한 결말을 가진 것이 전기력이었다. 전기력도 중력처럼 둘 사이의 거리가 늘어나면 그 힘이 줄어들고, 각 물체의 전하가 크면 힘이 강해진다는 사실에서 착안하여 샤를 오귀스탱 드 쿨롱이 전기력에 대해서도 중력과 거의 흡사한 $F=k\dfrac{q_1 q_2}{r^2}$ (q_1과 q_2는 두 전하의 크기며, r은 두 전하 사이의 거리를 나타낸다. 두 전하 사이에 작용하는 전기력은 두 전자 크기의 곱에 비례하고 거리의 제곱에 반비례한다는 뜻이다)이란 '쿨롱의 법칙'이 성립한다고 밝힌 것이다. 이제 모든 근본적인 힘은 원격으로 작용한다는 주장은 대세 정도가 아니라 확고한 진리처럼 여겨졌다.

패러데이의 장이론—정말 힘은 원격으로 작용하는 것일까

약 2세기에 걸친 전기력과 자기력에 대한 연구는 19세기 마이클 패러데이에 이르러 최종적 결실에 이른다. 그와 함께 원격으로 즉각적으로 작용하는 힘이라는 개념에 대해서도 새로운 고민이 시작된다. 패러데이는 서로 별개의 힘으로 여겨졌던 전기력과 자기력을 통합하여 전자기력이라는 하나의 힘으로 묶어낸다. 그리고 또 하나 주목할 점, 그는 이 두 힘의 관계를 장field이론으로 풀어낸다. 현대 물리학은 이 장이론을 기본으로 이루어진다. 상대성이론이든 양자역학이든 마찬가지다. 이 장 개념이 물리학에 본격적으로 도입된 데는 패러데이의 공이 가장 크다.(이 패러데이의 장이론을 수학적으로 정리해낸 것은 맥스웰로 그의 공도 크다.)

그가 생각한 초기 장field이론이란 이런 것이다. 전하를 가진 물체가 어느 공간에 등장한다고 해보자. 그 순간 그 물체의 전하 크기에 맞게 전기력선이 빛의 속도로 그 공간에 퍼진다. 그리고 전기력선과 만난 다른 전하를 띤 입자는 자신이 만난 전기력선의 개수에 따라 결정된 힘을 받게 된다. 물론 이 힘을 받는 입자도 마찬가

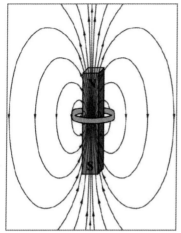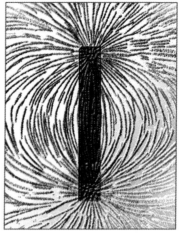

패러데이는 자석이 그 주변에 보이지 않는 자기력선들을 방출하며 그 자기력선의 방향을 따라 힘이 작용한다고 생각했다. 자석 주변에 철가루를 뿌렸을 때 나타나는 모습은 그러한 자기력선의 작용이라는 것이다.

지로 자신의 전하에 걸맞는 전기력선을 펼치기 때문에 처음 전기력선을 뻗어냈던 전하도 동일한 크기와 반대 방향의 힘을 동시에 받는다. 이때 전기력선의 방향은 양전하에서 음전하 쪽을 향하게 된다. 또 전기력선은 처음 전하가 있던 곳에서는 아주 조밀하지만 공간으로 퍼져나가면서 점차 그 밀도가 줄어든다. 이를 통해 왜 전하들 사이의 힘이 떨어진 거리의 제곱에 반비례하는지를 수학적으로 증명할 수 있다.

자기력도 마찬가지다. 자석의 N극에서 눈에 보이지 않는 자기력선line of magnetic flow이 나와 S극으로 들어간다. 자석 주변의 공간은 이런 눈에 보이지 않는 자기력선으로 가득하다. 하지만 자석으로부터 멀어지면 질수록 자기력선의 밀도는 줄어들고 따라서 자기력의 크기도 줄어든다.

패러데이가 이런 장이론을 펼치게 된 이유 중 하나는 원격으로 작용하는 힘에 대한 문제의식 때문이다. 가령 전자 하나가 광화문 광장 한가운데 있다고 생각해보자. 갑자기 종로2가쯤에 다른 전자 하나가 나타난다. 기존의 전자기 이론에 의하면 이 둘은 종로2가에 전자가 나타난 즉시 서로를 밀어내는 척력을 행사해야 한다. 물론 중력도 마찬가지여서 어느 날 갑자기 태양이 사라지면 지구는 (끌어당기는 태양의 중력이 사라졌으니) 즉각 우주 밖으로 떨어져 나가는 직선운동을 해야 한다. 이것이 뉴턴에 의해 정의된 중력과 그를 뒤따라 정립된 전기력의 모습이다.

그런데 광화문의 전자는 종로2가에 전자가 나타난 것을 어떻게 알고 즉각 미는 힘을 작용시킬까? 그리고 지구는 어떻게 태양이 사라진 걸 알고 공전 대신 직선운동을 할 수 있을까? 뉴턴은 거기에 이유를 달지 않았다. '가설을 세우지 않는다'는 멋진 표현을 사용했지만 사실은 이유를 모른다는 토로였다. 전기력과 자기력에 대해서도 마찬가지였다. 뉴턴 이후의 과학자들은 뉴턴 역학의 엄밀성과 정확함에 압도되어 자연스럽게 그의 이론을 받아들였지만 그럼에도 이 문제—두 물체는 서로를 어떻게 알고 힘을 가하는가—에 대한 불편함이 사라진 것은 아니었다. 많은 과학자들이 이 문제를 해결하려고 연구를 했지만 속시원한 해결책은 나오지 않고 있었을 뿐이었다.

패러데이의 장이론은 보이지 않는 선이 이루는 장$_{field}$의 개념을 도입함으로써 이런 문제를 넘어설 수는 있었다. 하지만 그의 이론은 당시 다른 과학자들에게 인정받지 못했는데 이는 그때까지 미치고 있던 뉴턴 역학의 영향력 때문이라고 볼 수 있다. 패러데이가 이 이론을 제안했을 때, 그는 이미 영국에서 가장 권위 있는 물리학자였다. 따라서 당시의 동료 혹은 후배 물리학자들은 그를 충분히 신뢰하고 있었다. 그럼에도 그의 이론을 흔쾌히 받아들이기엔 장이론 자체가 너무 당혹스러웠다. 물체가 존재하기 전에는 작용하지 않고 드러나지 않는 장이라니 낯설 수밖에 없었다. 또한 뉴턴의 이론은 힘이 즉각적으로 서로에게 미친다는 것인데, 패러데이의 장이론에 따르면 힘은 장이 퍼져나가는 속도에 따라 작용한다. 따라서 '지체'가 있게 된다. 이 또한 뉴턴 이론을 부정하는 것이니 동료 과학자들이 쉽게 패러데이를 지지하지 못하게 만드는 한 요소였다.

이 문제를 해결한 것은 맥스웰이었다. 맥스웰은 네 가지의 방정식으로 전기와 자기가 사실은 한 가지라는 것을 보여주고 전자기의 특성을 깔끔하게 설명해냈다. 또한 그는 전하를 가진 물체가 가속운동을 하는 경우 이에 따라 전자기장의 변화가 나타나는데 이 변화의 속도가 빛의 속도와 같다는 사실을 발견한다. 더구나 전하를 가진 물체가 가속운동을 하면 에너지를 내놓는데 이때 내놓는 에너지가 바로 빛에너지와 그 값이 같았다. 이제 이렇게 말을 할 수가 있다. '전하를 가진 두 물체는 전자기장에서 상호작용, 즉 서로 끌어당기거나 밀치는 힘을 주고받는 행위를 하는데, 이 행위가 가능한 이유는 서로간에 빛을 주고받기 때문이다.'

전자기력은 그 이유를 알 수는 없지만 즉각적으로 그리고 '원격' 으로 작용한다고 여겼던 것이 뒤집어졌다. 전자기력은 빛이 닿아야만 반응한다. 그래서 즉각적이지 않고 빛이 이동하는 시간만큼 지체되어서 작용한다. 즉 힘의 전달속도는 빛의 속도이며, 빛을 통해야만 서로간에 상호작용을 할 수 있게 된다. 전자기장의 정체는 빛이었고, 빛은 전자기장이 가시적으로 나타난 것이었다.

여기서 이런 의문이 들 수 있다. 그렇다면 상대가 어디 있는 줄 알고 빛을, 즉 전자기장을 보낸단 말인가? 하지만 여기서 빛은 입자가 아니라 파동으로 작용한다. 당신이 연못의 한 곳에 돌을 던지면 돌을 맞은 곳을 중심으로 연못 전체에 파동이 퍼져나간다. 마찬가지로 당신이 소리를 치면 음파, 소리의 파동이 사방으로 퍼져나간다. 파동이란 주변을 둘러싼 매질(연못의 경우는 물이고 음파의 경우는 공기다)이 진동하고, 그 진동이 옆의 매질에 영향을 주어 퍼져나가는 현상이다. 따라서 파동은 전체로 퍼지는 것이지 굳이 특정 물체의 위치를 향해 가는 것이 아니다. 뉴턴 이후 골머리를 싸게 했던 문제, '서로 어떻게 알고 힘을 매개로 상호작용을 하는가'라는 문제가 파동을 통한 장field의 전개라는 매개를 통해, 최소한 전자기력에서는 해결된 것이다.

그렇다면 빛, 즉 전자기장의 매질은 무엇인가? 여기서 아리스토텔레스의 에테르가 다시 등장한다. 우주를 가득 매우고 있는 에테르가 그 매질로 기능한다는 것이다. 즉 전하가 전자기장을 내면 그 파동이 우주 전체로 퍼져나가고, 그 파동에 닿은 다른 전하 입자가 그에 반응을 하는 것이다. 이렇게 장$_{field}$은 에테르의 파동이라고 여겨졌다.

이제 사람들은 두 가지 근본적인 힘에 대한 서로 다른 방식의 이론을 가지게 되었다. 중력은 즉각적으로 그리고 원격으로 작용하는 힘이고, 전자기력은 빛을 매개로 빛의 속도로만 상호작용하는 힘이다. 과연 이 두 가지 근본적 힘이 이렇게 작용하는 것이 이 우주의 작동 방식일까? 한 천재가 이 물음에 대한 답을 가지고 있었다.

아인슈타인—중력은 시공간의 휘어짐이다

아인슈타인은 일반상대성이론에서 중력을 장이론으로 다시 재구성한다. 드디어 전자기력에 이어 중력도 장으로써 설명할 수 있게 된 것이다. 하지만 아인슈타인의 중력장$_{重力場}$ 이론은 파동을 전달하는 매질을 필요로 하지 않는다. 또한 아인슈타인은 기존의 전자기장 이론에서도 매질의 필요성을 제거해버린다. 이미 아인슈타인은 빛이 퍼져나갈 때 '에테르'라는 매질을 필요로 하지 않는다는 사실을 밝힌 바 있다. 게다가 그전에 다른 물리학자들도 에테르를 찾기 위한 실험을 해봤지만, 그 존재를 발견하지 못했다. 에테르의 존재를 확인하기 위한 실험이 결과적으로 에테르가 존재하지 않는다는 것을 증명한 역설적 상황이었다. 또 아인슈타인은 광전효과에 대한 설명에서 빛이 가진 입자의 성질을 보여주었기도 했다. 빛이 입자라면 매질은 애초에 필요가 없는 것이다. 그럼으로써 에테르는 2000년의 긴 역사를 뒤로 하고 물리학에서 그 존재가 폐기되었다. 이제 파동은 매질이 필요한 일반적인 파동과 매질이 필요 없는 전자기파동으로 나뉘게 되었다. 그리고 아인슈타인의 새로운 중력장이론 또한 매질의 존재를 거부했다.

일반상대성이론에서는 질량(정확히는 에너지)과 상호작용하는 존재는 시공간이다. 즉 질량을 가진 물체가 시공간의 어느 지점에 나타나면 그에 따라 주변 시공간의 곡률이 변한다. 시공간을 우주 전체에 퍼져 있는 평평한 천 같은 것이라 생각해보자. 질량을 가진 물체가 나타나면 천이 그 질량에 따라 움푹 들어가게 될 것이다. 그 움푹 들어가서 휘어지는 정도가 시공간의 곡률이다.

이런 시공간의 곡률은 다른 물체의 운동에 영향을 미친다. 모든 물체는 자기가 보기에 방향이 변하지 않고 속도도 변하지 않는 운동을 하는 것 같지만 실제로는 다른 물체에 의해 휘어진 시공간에 따라 운동을 하게 된다. 평평한 천 위에 공을 굴리면 공은 처음 구르기 시작한 방향대로 직선으로 가겠지만 천이 휘어지면 공도 휘어진 쪽으로 움직이게 되는 것과 마찬가지다. 질량이 적으면 시공간의 휘어짐이 미미하기 때문에 별 영향을 받지 않지만, 행성이나 태양 정도로 큰 질량은 시공간을 많이 휘게 만들어 물체의 운동에 영향을 준다.

지구가 태양 주위를 도는 것이 그 때문이다. 지구는 태양 주변의 휘어진 시공간을 따라 운동하는 것이다. 지구 위의 어느 지점에서 우리는 곧게 일직선으로 걷는다. 우리 스스로는 직선으로 걷는다고 생각하지만 사실은 지구가 구sphere이기 때문에 우리는 결국 원래의 자리로 돌아오게 된다. 어릴 적 불렀던 노래 '지구는 둥그니까 자꾸 걸어 나가면 온 세상 어린이를 다 만나고 오겠네'가 되는 것이다. 마찬가지로 지구도 스스로는 가장 빠른 길로 일직선으로 나아간다고 생각하지만 태양에 의해 굽어진 시공간의 곡률을 따라 운동하다보면 태양을 중심으로 원운동(정확하게는 타원운동)을 하게 된다.

일반상대성이론도 결국 크게 보면 패러데이의 장field개념에 의지하고 있다. 그러나 중력에서는 전자기력처럼 중력을 매개하는 파동이 존재하는 것이 아니라 시공간 자체가 휘어지면서 상호작용을 한다. 즉 중력장은 시공간의 곡률이다. 하지만 시공간은 손에 잡히는 물질이 아니므로 엄격하게 보자면 중력은 아직 원격으로 작용하고 있다. 하지만 중력을 장이론으로 풀어내면서 중력 또한 이전처럼 즉각적으로 작용하는 것이 아니라 전자기력과 마찬가지로 빛의 속도로 작용한다는 점에서 전자기력과 중력의 차이는 조금 좁혀졌다. 더구나 원격으로 작용하고 있지만 시공간의 곡률을 통해 서로간에 상호작용을 하는 과정에 대한 이해가 더 커졌다. 시공간이 무엇인지 그 본질에 대한 궁구窮究를 우리에게 남겨둔 채로.

표준모형―힘은 입자를 주고 받으며 작용한다

그런데 우주에 존재하는 근본적 힘은 전자기력과 중력만이 아니라는 사실을 상기하자. 약한 상호작용(혹은 약력)과 강한 상호작용(혹은 강력)도 우주의 근본적 힘이다. 전자기력과 중력은 우리에게 익숙한 힘이지만 약력弱力과 강력强力은 알려진 지 100여 년밖에 되지 않았다. 그도 그럴 것이 이 두 힘은 원자핵 정도의 거리 내에서만 작용을 느낄 정도로 작용 범위가 좁기 때문이다. 그래서 미시세계를 연구하는 양자역학이 발전한 이후에야 이 두 힘을 알게 되었다.

그럼 양자역학, 그리고 양자역학의 현대적 발전 형태인 표준모형에서는 이 힘들이 어떻게 전달된다고 볼까? 표준모형에 따르면 각 힘들은 모두 힘의 작용을 중개하는 매개입자가 있다. 전자기력은 빛, 즉 광자photon가 매개입자다. 강력은 글루온이 매개입자며, 약력은 W+, W-, Z보손이 매개입자다. 중력 또한 마찬가지다. 아직 발견되지는 않았지만 중력자graviton가 중력을 매개한다고 본다. 이제 서로 떨어진 두 물체 사이에 작용하는 힘은 모두 중간 매개체가 전달하는 모양새가 되었다. 두 물체가 직접 만나러 가지 않아도 되긴 하지만 그렇다고 아무런 제약 없이 원격으로 작용하는 것은 아니니, 아리스토텔레스도 어느 정도 만족하고 뉴턴도 그리 나쁘게 생각하지는 않는 결론이 되었다.

하지만 여기서 다시 한 번 의문이 든다. 처음 원격이론이 등장했을 때 사람들이 했던 질문이 반복된다. 매개입자들은 어떻게 상대가 거기 있다는 것을 알고 찾아가는 것인가? 물체는 매개입자를 천지사방으로 마구 흩뿌려 누군가 걸리길 기다리는 걸까? 그러나 이번에는 양자역학 자체가 이미 해결책을 가지고 있었다. 양자역학의 기본 원리 중 하나가 입자의 이중성이다. 즉 입자는 입자성도 가지지만 파동성도 가진다. 그런데 입자성이 나타나는 것은 다른 물체와 상호작용을 할 때이고, 파동성을 가지는 것은 상호작용이 일어나기 전의 일이다. 다른 물체와 상호작용을 하지 않을 때 입자는 입자가 아니라 파동으로서의 특성을 가진다는 뜻이다. 따라서 힘을 매개하는 입자도 다른 물체와 만나기 전에는 입자로 존재하지 않고 파동으로 전 방향으로 퍼져나간다. 그러다가 상대 입자를 만나면 그 순간 상호작용을 하면서 파동성은 사라지고 입자로서의 정체성을 획득하는 것이다.

뭐가 그리 이상한가라는 질문이 나올 수 있다. 어떤 때는 파동이고 어떤 때는 입자라니. 하지만 이에 대해선 이 우주가 만들어질 때 원래 그렇게 만들어진 것이라고밖에 대답할 수가 없다. 그러나 더욱 괴상한 것이 있다. 입자가 파동의 성질을 가지고 있을 때, 과연 그 파동의 매질은 무엇인가라는 것이다. 연못에 돌을 던졌을 때 물에서 물결이 일어나는 건 쉽게 이해가 간다. 물 입자가 흔들리면서 옆으로 힘을 계속 전달하는 것이니 말이다. 그런데 아무것도 없는 공간에서 파동이 어떻게 발생하는 걸까? 그러나 양자역학에서 말하는 파동은 물결과 같은 일상적 의미의 파동이 아니라는 점을 염두에 둘 필요가 있다. 현대 물리학에서는 파동의 개념이 단순히 매질에만 의존하는 것이 아니라 파동방정식을 만족하는 모습으로 관측되면 인정된다. 양자역학에서의 파동은 입자가 존재할 확률로서의 파동이다. 즉 전자가 다른 물체와 상호작용을 하기 전에는 존재하는 위치가 정해져 있지 않고, '어디에 있을 확률이 몇 %다'라는 식으로 나타난다. 입자가 파동처럼 공간 전체에 퍼져 있다고 볼 수 있는 셈이다. 어찌 되었건 입자가 파동이 될 수 있다는 사실은 원격으로 작용하는 것에서 매개입자가 개입하는 상호작용으로 힘의 개념을 바꾸게 되었다.

결국 현대적 양자역학인 표준모형에 따르면, 모든 힘은 매개입자를 통해 전달되므로 원격으로 작용되는 힘이 아니다. 뉴턴 이래 모든 근본적인 힘은 원격으로 작용한다고 생각되었으나 20세기 양자역학은 다시 모든 힘은 매개입자를 통한 접촉으로 작용한다는 결론을 내렸다.

과연 힘은 어떻게 작용하는가

그래서 힘은 어떻게 작용하는 걸까? 우린 아직 완전한 결론을 내리지는 못하고 있다. 중력은 아직 일반상대성이론에 따라 시공간의 곡률(휘어짐)로서 작용한다. 그리고 일반상대성이론은 중력에 관한 한 현재까지 가장 정확한 이론이다. 즉 중력은 아직 원격으로 작용한다.

하지만 나머지 세 가지 힘은 표준모형에 의해 가장 정확하게 예측되고 설명된다. 여기서 힘은 매개입자가 접촉할 때만 작용한다. 표준모형은 중력 또한 중력자라는 매개입자를 통해 힘을 전달할 것이라고 추정하고 있지만, 아직은 중력자를 발견하지 못한 상황이다.

더 중요한 사실은 양자역학을 기반으로 한 표준모형과 아인슈타인의 일반상대성이론 둘 다 궁극의 이론이 아니라는 점이다. 많은 물리학자들은 네 가지 근본적인 힘을 하나의 원리로 설명할 수 있을 것으로 희망하고 있다. 역사적으로 봐도 전기력과 자기력은 서로 다른 힘이라 여겨졌으나 패러데이는 이 둘을 하나의 이론으로 묶어냈다. 또한 20세기 들어 스티븐 와인버그Steven Weinberg와 압두스 살람Abdus Salam, 셸던 글래쇼Sheldon Glashow는 전자기력과 약한 상호작용을 약전자기 상호작용으로 통합했다. 이제 남은 것은 강한 상호작용과 중력이다.

그리고 이 둘과 약전자기 상호작용을 통합하려는 시도는 20세기 내내 지속되었고 현재도 계속되고 있다. 어떤 결론이 나오게 될지는 아직 아무도 알 수 없다. 그 결과에 따라 힘은 다시 원격으로 작용하는 것으로 밝혀질 수도 있고, 접촉으로만 작용한다고 결정될 수도 있다.

물론 힘의 작용을 설명하는 이론, 즉 역학이론에서 우리 인간이 완전한 진리를 알 수 있겠냐는 근원적 회의 또한 있다. 아리스토텔레스와 뉴턴, 아인슈타인과 양자역학을 거치면서 우리가 힘과 물질의 상호관계에 대해 좀 더 많이 알게 된 것은 사실이다. 하지만 우리의 앎은 어찌 보면 궁극의 실재에 한없이 다가가지만 결코 완전히 이를 수는 없는 것인지도 모른다.

4장

인류는 어디서 기원했는가

아프리카기원설 VS 다지역기원설

인류는 어디서 기원했는가:
아프리카기원설 VS 다지역기원설

아프리카 피그미족의 신화에 따르면, 최고신 콘보움Khonvoum 은 세 종류의 점토로 세 가지 다른 민족을 창조했다고 한다. 고대 로마의 황제 마르쿠스 아우렐리우스는 제우스가 남자와 여자를 여러 번 창조했다고 믿었다. 자신이 만났던 에티오피아인이 도저히 자신과 같은 인종이라고 생각할 수 없었기 때문이다. 세계의 곳곳에서 다양한 민족들이 신이 인간을 창조할 때 자신들과 다른 부족은 달리 창조했다고 믿었다. 또 고대 그리스의 철학자들은 지구가 둥글다는 사실을 알고 있었는데 자신들과 반대쪽에 살고 있는 사람들은 별도의 기원을 가지고 있을 것이라 믿었다.

그러나 서구 유럽과 그 주변 지역에서 기독교와 이슬람교의 영향이 커지면서 이러한 생각은 천지창조에 대한 믿음과 함께 사라졌다. 성경과 코란에는 신이 단 한 번만 인간을 창조했다고 쓰여 있기 때문이다. 물론 성경에 대해 달리 해석하는 이들이 없었던 것은 아니지만 모두 이단으로 여겨졌다.

르네상스와 대항해시대를 거치면서 유럽은 다른 대륙에서 자신들과 사뭇 다른 모습의 사람들을 만나게 되었고, 이윽고 그들을 지배하게 되었다. 그 과정에서 인류의 다원발생polygenesis에 대한 새로운 주장이 나타나게 된다. 물론 대부분의 주장은 유럽 백인들이 타 대륙 원주민을 지배해야 하는 당위성을 옹호하기 위해 만들어진 것이지만 그중 일부는 적어도 당시 백인의 상식으로는 과학적 설명이기도 했다.

18세기 후반 에드워드 롱Edward Long은 『자메이카의 역사』라는 책에서 유럽인과 자메이카의 흑인 노예들이 서로 다른 종에 속한다고 주장하며, 백인과 흑인의 혼혈인종인 '물라토'가 열등하다고 했다. 19세기 중반 에든버러대학교의 로버트 녹스Robert Knox와 프랑스의 의사 폴 브로카Paul Broca는 혼혈인종이 생존 경쟁에서 언제나 순혈인종에게 진다는 주장을 하기 위해 인류 다원발생설을 끌어들였다.[5] 격변설을 주장한 조르주 퀴비에는 고생물학이란 학문을 연 사람으로도 평가받는데 그는 백인과 몽골인 그리고 에티오피아인이라는, 기원이 다른 세 인종이 있다고 믿었다. 그는 백인은 아담과 이브로부터 내려오는 원래의 인류 종족이고, 다른 두 종족은 5000년 전 지구에 큰 재앙이 닥친 후 생존자들이 서로 다른 방향으로 탈출해서 생겨났다고 주장했다.

이 당시 인류 다원발생설은 먼저 인종은 고정적인 것이고, 둘째로 환경 영향은 별로 없어 기본 유형은 변하지 않으며(다른 인종이 백인이 될 생각은 꿈에도 말라는 이야기), 셋째로 인종 사이의 신체적·정신적 차이가 있다는 핵심적 원리(그래서 황인종과 흑인종은 백인의 지배를 받는 게 당연하다)를 바탕으로 한다. 18세기에서 19세기에 이르는 기간 동안 워낙 많은 유럽의 과학자들이 인류의 다원발생설을 주장하고 지지했기 때문에 대표로 누군가를 들 엄두가 나지 않을 정도다.

그러나 1859년 다윈의 『종의 기원Origin of Species』이 출판되면서 모든 인류가 같은 조상에서 시작되었다는 주장이 점차 대두되었다. 결국 19세기 말에서 20세기 초에 이르는 시기에 다원발생설은 점차 단일발생설로 대체되었다. 그리고 이후 20세기 동안 이어진 고인류학의 발전 과정에서 다원발생설은 과학으로서의 의미가 완전히 사라졌다. 이제 다원발생설은 과학이 아닌 종교 혹은 정치의 영역에서만 영향을 발휘할 뿐이다. 뒤에서 소개할 다지역발생설은 다원발생설과 언뜻 비슷해보이지만 내용은 완전히 다르다. 자세한 것은 다지역발생설에서 확인해보자.

인간의 시작

그럼 최초의 인류는 어디서 기원했을까? 20세기 고인류학의 발달은 우리의 선조들이 어디서 유래했고 어떤 과정을 거쳐 진화했는지에 대해 대단히 구체적으로 알려주기에 이르렀다. 물론 아직 풀리지 않는 수수께끼도 있고 논쟁도 있지만 그보다 먼저 인류의 기원에 대해 살펴보자. 영장류는 대부분 열대우림의 안락함 속에서 살고 있었다. 지금 고릴라·침팬지·오랑우탄과 같은 영장류가 여전히 열대우림에 살고 있듯, 우리 조상들도 그랬을 것이다. 우거진 숲, 일년 내내 여름인 곳에서 이들은 사시사철 맺어지는 열매를 주식으로 하고, 나뭇가지를 기어가는 개미나 애벌레를 간식으로 먹었다. 가끔은 사냥을 해서 단백질을 보충하기도 했고, 덩이줄기나 덩이뿌리의 탄수화물을 취하기도 했다. 거의 대부분 먹이 때문에 곤란을 겪지 않는 삶이었다. 또한 열대우림의 나무 위에서 이들을 위협하는 존재 또한 없었다. 표범 정도가 문제였으나, 무리를 지어 사는 이들에게 함부로 덤벼들지는 못했다. 주로 무리에서 떨어진 어린 새끼나 병들고 나이 든 개체를 사냥할 뿐이었다. 인간의 조상도 마찬가지로 아프리카의 열대우림에서 안온한 나날을 보내고 있었다.

인간이 다른 영장류와 갈려 독자의 길을 걷기 시작한 것은 대략 700만 년에서 500만 년 전의 일이다. 아프리카가 점차 건조해지면서 열대우림이 사라지기 시작했던 것이다. 아프리카 전역을 덮던 열대우림은 그 범위가 좁아졌고, 숲이던 곳은 초원이 되었다. 숲에서의 영역다툼은 거세졌고, 일부는 숲을 벗어나 초원으로 나오게 되었다.

초원에서 이들에게 닥친 첫 문제는 먹이를 구하는 것이었다. 초원 어디에도 과일은 없었고, 덩이줄기도 찾아보기 힘들었다. 그렇다고 사냥을 할 수도 없었다. 나무를 타기에 적합하게 진화한 몸으로는 아무리 무리를 짓는다고 해도 영양 한 마리를 쫓아가 사냥할 능력조차 없었다. 이들 중 일부는 낟알을 먹는 방향으로 진화했다. 하지만 쉬운 일이 아니었다. 과일처럼 쉽게 소화되는 음식에 익숙한 소화기관으로는 낟알을 소화시키는 게 대단히 힘든 일이었다. 낟알의 영양 중 대부분은 다시 똥으로 배설되었다. 결국 낟알을 몇 배로 많이 먹어서야 해결될 수 있는 문제였다. 이 길을 택한 선조들은 결국 멸종의 길을 갔다.

다른 이들은 먹을 수 있는 모든 것을 찾아 나섰다. 때로는 아직 남아 있는 나무를 타고 올라 열매를 먹었고, 때로는 강이나 호수로 가서 조개를 캐 먹었다. 그러나 그것만으로는 무리를 유지할 수 없었다. 이들이 새로 찾은 지속적인 식량 공급원은 남이 먹다 남은 사체였다. 사자와 하이에나, 치타가 사냥을 한 뒤 가장 맛있고 영양가 높은 부위를 먹고 떠나면 그 남은 것을 먹으러 갔다. 하지만 그조차도 쉽지 않았다. 경쟁 상대가 만만치 않았기 때문이다. 하이에나도 사자도 사냥에 실패할 경우 남이 사냥해서 먹고 남긴 것을 탐냈다. 더구나 독수리들도 떼를 지어 남은 사체에 덤벼들었다.

초기의 선조들은 이들과의 경쟁조차 버거웠다. 결국 이들에게 남은 것은 뼈와 두개골뿐이었다. 다행히 선조들에게는 나무를 타기 위해 발달한 엄지가 있었다. 그 엄지와 나머지 손가락으로 돌을 쥐고 두개골을 깨고 뼈를 부셨다. 그 속에는 뇌와 골수가 있었고, 이 고에너지 식품으로 선조들은 삶을 이어갈 수 있었다.

물론 이들의 생존을 위협한 것은 먹이만이 아니었다. 초원에는 이들을 위협하는 육식동물들의 눈을 피할 곳이 없었다. 이들은 이 전보다 더욱 무리에 의존해야 했고, 그럼으로써 포식자의 습격으로부터 살아남을 수 있었다. 이들의 손에 든 나무와 돌은 뼈만 깨뜨리는 것이 아니라 포식자로부터 자신을 지키는 무기이기도 했다.

초원의 삶은 신산했으나 그 과정에서도 진화가 이어졌다. 먹이를 얻기 위해 걷고 또 걸을 수밖에 없었던 선조들 중 걷기에 보다 적합한 변이를 가진 선조들이 살아남았고, 수많은 세대가 지나자 이족보행에 적합한 형태가 되었다. 또한 영양분이 풍부해지면서 이전보다 더 커진 신체를 유지할 수 있게 되었다. 육체가 커지면서 힘도 세졌고, 이제 먹이를 다투는 상대와의 싸움에서 이전보다 유리해졌다. 한편으로 고에너지 식사는 뇌를 키울 수 있는 기반이 되었다. 뇌는 그 크기에 비해 꽤나 많은 에너지를 소비하는 기관이다. 뇌를 키우기 위해선 지방을 지속적으로 섭취해야 한다. 초식동물보다 육식동물의 뇌가 신체에 비해 더 큰 것에는 이런 조건을 만족할 수 있다는 이유도 있다.

당연히 두뇌가 커진 건 그저 잘 먹어서만은 아니다. 두뇌가 커질 필요도 있었다. 이들이 직접 사냥을 시작했던 것이다. 사냥을 하는 쪽은 사냥을 당하는 쪽보다 더 많이 머리를 써야 한다. 사냥을 당하는 경우에는 단지 도망가는 것만 생각하면 되지만, 사냥할 때는 사냥감의 위치를 파악하고 최적의 경로로 다가가기 위해 지형·바람과 사냥감의 행동 등을 면밀히 검토할 필요가 있기 때문에 그에 해당하는 뇌활동이 활발해진다. 더구나 집단을 이뤄 사냥할 때는 서로 의사소통도 많이 해야 하며, 전체적인 대형을 짜고 각자 역할을 분담하는 등 머리를 쓸 일이 더 많아질 수밖에 없다. 바다에서 가장 똑똑하다는 돌고래가 집단 사냥의 명수인 것도 비슷한 이유다.

이렇게 키가 커지고 두뇌가 커진 이 인류의 선조를 호모 에렉투스Homo erectus라고 한다. 오스트랄로피테쿠스나 파란트로푸스니 하는 이름들을 들어봤을 것이다. 호모 에렉투스 이전에 존재했던 이들도 직립보행을 하긴 했으나, 이들에겐 '사람'이라는 뜻의 호모homo라는 속명屬名이 붙지 않는다. 즉 호모 에렉투스 때부터 '사람'에 가까워졌다고 보는 것이다. 어찌되었건 호모 에렉투스는 이전의 쓰레기 처리라는 직업을 벗어나(완전히 벗어나진 못했지만) 직접 사냥을 하는 최상위 포식자의 새로운 지위를 획득한다.

이들이 사냥꾼 지위와 더불어 획득한 것은 불이었다. 불의 용도에 대해선 여러 설명들이 있지만 가장 유력한 것 중 하나는 안정적인 잠자리의 확보다. 동굴이었으면 더할 나위가 없었을 것이다. 먼저 자리를 차지하고 있던 다른 동물은 불을 피워 그 연기로 쫓아낸다. 동굴 안에 거처를 구한 뒤에는 입구에 불을 피워 다른 포식자들로부터 방어를 했을 것이다. 마땅한 동굴이 없다면 최소한 삼면 정도가 막힌 곳에 나뭇가지와 동물 가죽 등으로 비를 막고 입구 쪽에 불을 피우는 것도 가능했을 것이다. 어찌되었건 불은 초원의 밤에 포식자로부터 무리를 지키기 위해 뜬 눈으로 새웠을 조상에게 커다란 은혜였다.

불의 또 다른 중요한 용도는 고기를 익히는 것이다. 고기를 익힌다는 것은 두 가지 의미를 가진다. 먼저 소화가 쉬워졌다. 사람이 먹는 음식물 중 가장 소화가 힘든 것이 단백질이고, 고기는 대부분 단백질이다. 불에 굽게 되면 단백질의 연결 중 많은 부분이 끊어져 부드러워지고 그만큼 쉽게 먹고 소화시킬 수 있다. 소화 과정에서도 에너지가 꽤 많이 필요한데 소화에 필요한 에너지를 줄일 수 있으니 그만큼 다른 곳에 에너지를 쓸 수 있게 되었다. 두뇌가 더 커질 여력이 더 생긴 것이다. 그리고 고기가 부드러워지니 씹는 일이 줄었다. 특히나 고기 위주의 식단이 되면서 낟알이나 나뭇잎을 씹는 데 중요한 역할을 했던 어금니가 할 일이 줄었다. 양옆 맨 끝 어금니 두 개가 사라지고, 아래턱은 이전보다 힘을 덜 쓰게 되었다.

또 하나 먹기 힘들었던 부위를 먹을 수 있게 되었다. 돼지 껍데기를 먹어본 사람은 안다. 제대로 익지 않은 껍데기는 일단 씹기조차 힘들다. 만약 불이 발견되기 전이었으면 결코 먹을 수 없었던 부위다. 불이 등장하면서 이렇게 먹기 힘들었던 부위도 먹을 수 있게 되었다. 사냥의 효율이 더 높아진 것이다. 이런 과정을 거쳐 호모 에렉투스는 이전의 선조와는 전혀 다른 면모를 지니게 되었다. 덩치도 현재의 인류와 비슷하게 커졌고, 기존의 석기보다 훨씬 효율적인 뗀석기를 만들 수 있게 되었다. 마침내 초원의 청소부에서 최상위 포식자가 되었다.

그런데 호모 에렉투스는 다른 최상위 포식자와는 달리 유난히 번식활동이 활발했고, 또 불의 사용 등으로 사망률도 낮아졌다. 자연히 숫자가 늘어났다. 수렵과 채집으로 무리를 유지하려니 더 넓은 영역이 필요했다. 호모 에렉투스 무리 사이에 경쟁이 늘어났고, 이는 이들을 아프리카 바깥으로 밀어내는 압력으로 작용해 여러 무리들이 아프리카를 나와 유럽과 아시아로 진출하게 됐다. 호모 에렉투스는 각 지역에서 자리를 잡고 각자의 새로운 영역을 확보했다. 중국의 베이징원인, 인도네시아의 자바원인, 독일 뒤링겐의 호모 에렉투스 빌진히슬레베넨시스Homo erectus bilzingslebenensis 등이 그들이다.

여기까지가 지금껏 고인류학에서 연구하고 발표한 내용 중 큰 이견이 없는 부분들이다. 물론 새롭게 발굴되는 고인류 화석에 의해 부분적인 수정들은 계속 이어지고 있지만 큰 틀에서는 변함이 없다. 하지만 호모 에렉투스 이후의 인류 궤적에 대해선 서로 다른 의견들이 충돌하고 있다.

인류의 고향 아프리카

아프리카에서 다른 지역으로 퍼져 나간 호모 에렉투스가 각자 정착한 지역에서 지금의 인류로 진화했을까? 주류 이론은 그것을 부정한다. 인류의 역사에서 호모 에렉투스 이후에 대한 20세기의 지배적 학설은 다음과 같다.

약 50만 년에서 70만 년 전 아프리카에서 호모 에렉투스를 이

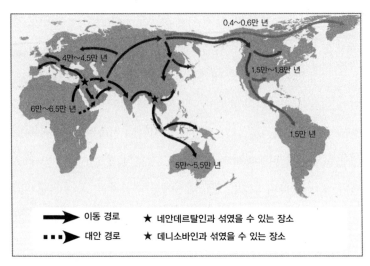

아프리카 단일기원설이 주장하는 호모 사피엔스의 확산 경로.

어 현생인류종인 호모 사피엔스가 출현했다. 이들은 최소한 수십만 년을 아프리카에서 보내며 현대 인류와 흡사한 형태로 진화했다. 그리고 약 15만 년 전부터 수에즈 지협을 통과해 전세계로 퍼져 나갔다. 이들은 각 지역에 먼저 진출해 있던 호모 에렉투스나 네안데르탈인 등 고인류와의 경쟁에서 승리했으며, 마침내 호모 사피엔스 외 호모속의 다른 종은 모두 멸종되었다. 즉 호모 사피엔스는 아프리카에서 진화한 단일한 조상을 가지고 있고, 이들이 전세계로 퍼져 현재의 인류를 이뤘다는 것이다. 우리나라의 중·고등학교 교과서를 비롯한 많은 책들에서도 이렇게 인류의 기원을 설명하고 있는데 이를 아프리카기원설이라고 한다. 1970년대 고생물학자인 윌리엄 W. 하월즈William W. Howells는 '노아의 방주 가설Noah's

Ark Hypothesis'이란 모형에서 호모 사피엔스는 아프리카에서만 진화했다고 주장한다.

이 주장의 첫번째 증거는 미토콘드리아다. 미토콘드리아는 진핵생물(세포에 막으로 둘러싸인 핵이 있는 생물)의 세포 안에 있는 소기관으로, 원래는 별개의 박테리아였지만 수십억 년 전 진핵생물이 진화할 때 섞여 들어와 공생하게 된 것이 기원이다. 이 박테리아는 세포 안에서 영양분을 제공받고 호흡을 통해 에너지를 공급하는 역할을 했으며, 시간이 지나면서 박테리아로서의 기능은 완전히 사라지고 세포소기관organelle으로서의 역할만 남았다. 하지만 원래는 독립적인 생물이었던바 자신만의 DNA를 가지고 있다. 그런데 미토콘드리아는 난자로부터만 온다는 특징이 있다. 즉 모든 사람은 어머니의 미토콘드리아를 물려받게 되기 때문에, 이 미토콘드리아 DNA를 분석해보면 모계 계통을 찾아갈 수 있다. 1985년 알란 윌슨Allan Wilson, 마크 스톤킹Mark Stoneking, 레베카 L. 캔Rebecca L. Cann, 웨슬리 브라운Wesley Brown 등은 전세계 여성 145명의 미토콘드리아로 조사한 결과, 모든 인간의 미토콘드리아 DNA는 약 14만 년에서 20만 년 전 아프리카의 한 집단에서 유래했다고 발표했다.[6] (논문에서 전혀 사용하지 않았지만 언론이 명명한) '미토콘드리아 이브Mitochondrial Eve*'란 이름으로 알려진 이 연구는 인류가 단 하나의 집

● 미토콘드리아 이브라고 해서 한 명을 지칭하는 듯 오해하지만 미토콘드리아 DNA를 통한 연구는 집단을 대상으로 하며 어느 한 명을 가리키는 건 아니다.

단을 조상으로 가진다는 강력한 증거가 되었다.

한편 성염색체 중 Y염색체는 생물학적 남성만 가진다. 따라서 아들의 Y염색체는 당연히 아버지에게서 물려받은 것이다. 이 염색체의 DNA를 조사하면 부계 계통을 찾아갈 수 있다. 미토콘드리아와 마찬가지로 이를 통한 연구도 진행되었는데 현재 20만 년 전에서 30만 년 전 아프리카의 한 집단에서 유래된 것으로 나타났다.[7] (이 부계 조상 집단을 'Y-아담'이라고 부른다.) 앞서 호모 사피엔스가 약 50만 년 전 쯤 아프리카에서 나타났다고 했으니, 미토콘드리아 이브나 Y-아담이 아프리카에 살던 호모 사피엔스의 한 집단이라는 결론은 어찌 보면 당연하다고 이야기할 수 있다. 즉 이 두 연구는 인류의 조상이 아프리카에서 연유했다는 강력한 증거가 된다.

또 하나의 간접적인 증거로 기후의 변화가 있다. 호모 사피엔스가 처음 등장했을 때부터 지구는 줄곧 빙하기였는데, 약 12만 년 전에 5000년 정도 동안 지구의 평균 기온이 2도 이상 올라가는 간빙기가 있었다. 빙하가 녹았고 해수면이 상승했으며 전세계적으로 큰 기후변화가 일어났다. 이 과정에서 간빙기 이전에 아프리카에서 빠져나가 유럽과 아시아로 진출했던 초기 호모 사피엔스들은 거의 전멸한 것으로 보인다. 간빙기가 지나간 뒤 호모 사피엔스는 다시 아프리카에서 유럽과 아시아로 진출하게 되는데, 이들이 지금 유럽과 아시아 등 아프리카 이외 대륙의 현생인류로 자리잡았다는 것이다.

인류는 여러 차례 진화했는가

그런데 현재 이 주된 학설에 대해 의문을 가지고, 다른 의견을 제시하는 연구자들이 다수 생겼다. 이들의 주장에 따르면, 호모 에렉투스가 전세계로 퍼졌고 이들 중 일부가 각 지역에서 독립적으로 호모 사피엔스로 진화했으며, 다른 기원을 가진 여러 호모 사피엔스 집단이 상호 교류하면서 현생인류가 탄생했다는 것이다. 이를 다지역기원설multiregional hypothesis이라고 한다. 1984년 밀포드 H. 울포프Milford H. Wolpoff와 알란 톤Alan Thorne 그리고 진지 우Xinzhi Wu가 주장한 내용이다.[8]

예컨대 이들은 추위에 적응하기 위해 커진 유럽인들의 코는 유라시아로 이동한 호모 에렉투스에게 물려받은 것이고, 아시아인의 삽 모양의 앞니shovel-shaped incisor는 아시아계 호모 에렉투스에게서 물려받았다고 말한다. 즉 현재의 인류가 지역적으로 서로 다른 유전자를 일부 가지고 있는 것은 그곳에 정착한 뒤 새로 진화시킨 게 아니라, 각 지역에 이미 분포하고 있던 호모 에렉투스로부터 각기 독립적으로 진화하는 과정에서 이어받았다는 주장이다. 이들은 호모 에렉투스에서 호모 사피엔스로의 독자적인 진화가 아프리카 외에 유럽, 중국 그리고 인도네시아에서도 이루어졌다고 본다. 인도네시아와 호주를 포괄하는 지역 원주민들의 두개골에서 나타나는 특징이 이 지역에 거주했던 호모 에렉투스 화석과 비교했을 때 일정한 연속성을 가진다는 것이다.[9] 또 중국의 호모 에렉투스에서 발견되는 삽 모양의 앞니는 다른 지역에서 발견되는 것과 다른 패턴이며 현재 중국인들이 삽 모양의 앞니를 가진 빈도가 타 지역보다 높다고 이야기한다. 유럽에서도 마찬가지로 하악골의 모양과 전방 유두결절(유륜 부위의 돌기), 비강(콧속 공간) 협착, 좌심실의 모양 등에서 타 지역과 다른 모습을 보이는데, 이는 네안데르탈인과 유럽의 초기 호모 사피엔스에서 공통적으로 나타나는 특징이라는 주장이다. 물론 이들은 지역적으로 나타나는 특징이 별도의 인종으로 분류될 수준이라고 주장하지는 않는다. 단순히 지리적 영역을 대표하는 형태학적 분기군morphological clades *일 뿐이라는 것이다.

이러한 다지역기원설의 또 다른 증거를 이야기하기 전에 먼저 종species과 속genus이란 개념을 이해하고 가자. 원래 종이라는 구분은 지속적인 번식이 가능한 생물군을 이른다. 즉 짝짓기를 통해 낳은 자식이 다시 짝짓기를 통해 지속적으로 후손을 남길 수 있을 때 이들을 같은 종으로 인정하는 것이다. ** 가령 늑대와 개는 같은 종이기 때문에 짝짓기가 가능하고 그렇게 태어난 늑대개 또한 서로 짝짓기가 가능하다. 이때 개와 늑대는 아종亞種이라 한다. 속은 유전적으로 가까운 여러 종을 묶은 개념인데 같은 속에 해당하는 동물끼리는 짝짓기가 가능하나 그로 인해 태어난 자식은 생식능력이

● 분기군은 공통 조상과 그의 후손을 포함하는 그룹을 의미한다. 즉 아시아의 호모 에렉투스와 그로부터 진화한 아시아의 호모 사피엔스는 모두 같은 분기군에 해당하는 것이다.
●● 지속적인 번식 가능성은 일부 동물에 한정된 개념이기는 하다. 식물이나 원생생물들의 종 개념은 이렇게 단순하게 한정할 수 없다.

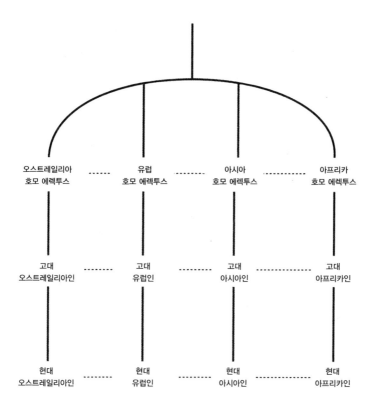

다지역기원설 모델.

없다. 예를 들면 닭과 꿩은 서로 다른 종이지만 같은 속에 속해 짝
짓기가 가능하나 그로 인해 태어난 '닭꿩'은 생식능력이 없고, 사자
와 호랑이도 서로 다른 종이지만 같은 속이라 짝짓기가 가능하지
만 태어난 자식인 '라이거'는 생식능력이 없다.

전에는 사람이 속한 분류를 호미니드Hominid라 불렀다. 이는 사
람'과科, family'라는 의미다. 하지만 지금은 호미닌Hominin이라 부른

다. 이건 과와 속 사이의 사람'족族, tribe'이라는 의미다. 군부대로 치면 연대였다가 중대로 줄어들었다고 볼 수 있다. 이렇게 바뀐 이유는 멸종한 인류의 친척들과 우리 인류가 예전에 생각했던 것보다 훨씬 더 가까운 관계라서 과라는 큰 분류체계를 쓰는 것이 맞지 않다고 여겨졌기 때문이다. 또 이전에는 침팬지나 고릴라가 사람과는 다른 과family로 분류될 만큼 다르다고 생각했지만, 알고 보니 그 정도로 다르지는 않다는 것도 알게 됐다. 그래서 이전에는 현생인류와 지금은 사라진 그 친척들을 호미니드(사람과)라는 과에 포함시키고 고릴라와 침팬지 등을 따로 폰지드(성성이과)Pongid란 과로 구분했다면, 현재는 고릴라와 침팬지와 사람을 모두 호미니드라는 하나의 과로 묶고 그 안에서 사람과 멸종한 그 친척들은 호미닌아과Hominine로 묶고 있다. 그리고 호미닌아과는 다시 파린Parin족과 호미닌족으로 나누었다.•

호미닌족에는 호모라는 속명이 붙는 모든 인류의 친척들이 포함된다. 호모 에렉투스라든가 호모 플로레시엔시스, 호모 네안데르탈렌시스, 데니소바인 등이 모두 해당된다. 그렇다면 호미닌족에 속하는 이들은 모두 서로 다른 종일까? 20세기까지 대부분의 연구자들은 그렇다고 생각했다. 그러나 20세기 말 유전공학이 발

● 아과亞科는 과보다 조금 작은 단계를 말한다. 원래의 분류단계는 종·속·과·목·강·문·계인데 이 일곱 단계로 모든 분류가 힘들어 그 사이에 종보다 작으면 아종亞種, 속보다 작으면 아속亞屬 등의 단계를 두고, 또 과와 속 사이에 족이란 단계를 두기도 한다.

달하면서 DNA 분석이 훨씬 정교해진 이후 이 상황은 달라졌다. 대표적인 예가 호모 네안데르탈렌시스, 즉 네안데르탈인이다. 호모 사피엔스보다 조금 먼저 유럽에 진출했던 네안데르탈인은 뒤이어 진출한 현생인류와 유럽에서 조우한다. 꽤 오랜 기간 둘은 공존했지만, 결국 네안데르탈인은 멸종했다. 그리고 네안데르탈인은 현재의 인류와 유전적으로 관계가 없다는 것이 기존 이론이었다.

그런데 최신 연구결과는 우리들의 DNA 중 일부가 그들의 것이라고 나왔다.[10] 요사이 현생인류를 '2% 네안데르탈인'이라 칭하는 이유다. 또 이 네안데르탈인의 DNA 비율이 지역에 따라 다르다. 네안데르탈인이 살았던 유럽 출신 사람들에게선 비율이 높고 아시아나 아메리카 아프리카 쪽에선 낮다. 호모 사피엔스의 유전자에는 네안데르탈인 외의 다른 친척의 DNA도 섞여 있다. 러시아 시베리아 지역의 데니소바 동굴에서 발견된 데니소바인이 그들이다. 이들의 DNA는 주로 티벳과 남태평양의 섬 원주민들에서 발견된다.[11] 앞으로도 더 많은 친척들의 DNA가 우리 호모 사피엔스의 유전자에서 발견될 수도 있을 것이다.

이런 발견이 시사하는 바가 뭘까? 첫째는 우리 호모 사피엔스와 네안데르탈인 그리고 데니소바인이 서로 다른 종이 아니란 것이다. 그들과 우리는 일종의 아종 관계다. 이전에는 그들과 우리 사이에 말과 당나귀 혹은 사자와 호랑이 정도의 차이가 있다고 생각했다면, 이제는 진돗개와 풍산개 정도의 차이밖에 나지 않는다는 사실이 밝혀진 것이다. 그리고 아마 초기 호모 사피엔스도 당시의 호모 에렉투스와 완전히 별개의 종이 아니었을 것이다. 이 자체도 의미심장하다. 이 발견에는 중요하게 봐야 할 지점이 있다.

호모 에렉투스와 호모 사피엔스(바로 우리 인류) 사이의 관계가 그리 멀지 않다면, 세계 각 곳에서 호모 에렉투스로부터 호모 사피엔스로의 진화가 동시에 혹은 조금의 시차를 두고 독립적으로 이루어졌다는 가설에 더 큰 힘이 실리게 된다. 다른 생물의 예를 들어보자. 개는 늑대 혹은 이리의 일부가 인간과 같이 살면서 아종으로 변한 존재이다. 늑대를 처음 개로 길들인 곳은 아마 메소포타미아일 것이라고 여겨진다. 하지만 다른 곳, 시베리아·아프리카·중국·유럽 등에서도 늑대를 길들였고, 이들이 모두 개로 불린다. 그래서 개들도 어디 출신인지에 따라 유전적 특징이 서로 다르다.

이렇듯 세계 각지로 흩어진 각 지역의 호모 에렉투스 중 일부가 저마다 진화하여 별도로 호모 사피엔스를 탄생시켰을 수 있다. 이런 경우 각 지역의 호모 사피엔스는 지역별로 유전적 차이가 일부 나타날 수밖에 없다.●

● 물론 여기서 아메리카대륙이나 오스트레일리아 그리고 태평양의 섬에 거주하는 원주민들은 예외다. 이들은 아시아와 아프리카 그리고 유럽의 서로 독립적으로 진화한 호모 사피엔스들이 충분히 교류하여 서로의 유전자가 섞인 상태에서 이주를 통해 간 것이지 그 지역의 호모 에렉투스에서 진화한 것이 아니라는 점은 유전자 연구를 통해 확인되었다. 즉 아메리카 원주민들은 북미대륙이건 남미대륙이건 모두 고대 시베리아 원주민과 가장 유사한 유전적 특성을 지니고 있고, 오스트레일리아와 뉴기니 그리고 멜라네시아·폴리네시아·마이크로네시아 등 태평양 섬 지역의 원주민들은 동남아와 대만의 원주민들과 유전적으로 가장 유사하다.

왜 인류는 다양하지 않을까

이러한 다지역기원설의 주장처럼 호모 사피엔스가 세계 여러 지역에서 독립적으로 여러 차례 진화했을까? 그러나 다지역기원설은 많은 반론에 부딪히고 있다. 대표적인 것이 협소한 유전자풀gene pool에 대한 지적이다. 유전자풀이란 어떤 한 생물집단에 속하는 모든 개체가 가진 유전자의 집합을 가리킨다. 예컨대 어떤 희귀종 동물이 100마리 있다고 하면, 그 100마리가 가진 모든 유전자를 하나의 '웅덩이pool'에 함께 쏟아놓았다고 가정하는 개념이다. 그래서 유전자풀은 유전적 다양성이 얼마나 되는지를 나타낸다. 유전자풀이 넓다는 것은 그만큼 유전적 다양성이 크다는 이야기고, 좁다는 것은 다양성이 별로 없다는 뜻이다. 그런데 호모 사피엔스의 유전자풀은 실제로 꽤나 협소하다. 흔히 비유하는 것으로, 전 세계 70억 인구의 유전적 다양성을 모두 합쳐도 아프리카 열대우림에서 3km 정도 떨어진 두 침팬지 집단의 유전자풀보다 협소하다고 한다. 만약 현생인류인 호모 사피엔스가 각 지역에서 독립적으로 진화하여 현재에 이르렀다면 아주 넓은 유전자풀을 가지고 있어야 하는데, 실제로는 아주 협소한 이유가 무엇이냐는 것이다.

하지만 이에 대한 대답이 없는 것은 아니다. 세계 각지에서 독립적으로 진화한 호모 사피엔스들은 서로 영역이 넓어지는 과정에서 끊임없이 만났다. 서로간의 교류가 확대되면서 유전자도 교환이 되었고 그 과정에서 경쟁력 있는 유전자들이 주로 살아남아 현재 호모 사피엔스의 유전자풀을 이루게 되었다는 설명이다. 여기에 7만5000년 전 기상이변으로 호모 사피엔스가 멸종 위기에 처한 것이 유전자풀을 협소하게 만드는 결정적 계기가 되었다. 당시 인도네시아 수마트라섬의 토바화산이 폭발했는데, 엄청난 화산재와 이산화황이 대기 중으로 뿜어져 나오며 지구 전체의 온도를 크게 낮추었다. 비교하자면, 같은 인도네시아에서 1815년 탐보라화산 폭발이 일어난 적이 있는데 그 영향으로 1년간 그 부근 지역이 1년간 여름이 사라진 적이 있었다. 그런데 7만5000년 전 토바화산의 폭발 규모는 탐보라화산 폭발보다 100배 정도 더 컸다. 과학자들은 지구의 온도를 약 4~5도가량 낮췄을 것으로 보고 있다. 아주 극심한 시기에는 온도가 무려 17도가량 떨어졌다. 지구 전체가 긴 겨울에 들어갔으며 수십 년 동안 지속되었다. 이 위기에서 호모 사피엔스의 개체수가 극적으로 줄어들었다. 당시 수십만 명에 달하던 인구는 불과 최소 2000명에서 최대 1만 명 내외로 줄었다.[12] 그 재난에서 살아남은 이들만이 지금의 유전자풀을 형성하는 데 기여하게 된 것이다.

물론 유전자풀은 시간이 지나고 개체수가 늘어나면 자연스레 늘어난다. 새로 태어나는 개체마다 조금씩 돌연변이를 가지게 되고, 이런 변이들이 집단에 축적되면서 늘어나는 것이다. 특히나 사람처럼 전지구에 걸쳐 다양한 자연환경에서 살게 되면 각 환경의 특성에 맞춰 지역별로 특정한 변이가 지속되면서 유전자풀은 넓어지고 다양해진다. 하지만 7만 년이란 시간은 유전자풀이 늘어나기

엔 너무나 짧다. 인간이 다른 동물들에 비해 세대 재생산의 기간이 긴 것도 이유가 된다.(세대가 짧을수록, 즉 빨리 번식을 할수록 변이가 많이 발생하고 유전자도 다양해진다.) 그래서 아직까지는 인류의 유전자풀이 다른 동물에 비해 극히 좁은 것이다.

잡종과 혼혈의 인류 역사

다지역기원설에 대한 윤리적 우려도 존재한다. 이미 그 과학적 근거가 완전히 파괴되어버린 인종주의에 새로운 근거로 사용될 수 있다는 점이다. 이는 한편으로 20세기 들어 학문적으로 이미 실패했다고 판명된 다원발생설polygenism과 유사한 이론이라는 일부의 오해로 증폭된 측면이 있지만, 그런 오해를 빼고도 우려할 부분이 없는 것은 아니다.

실제로 네안데르탈인의 유전자가 남아 있는 비율은 유럽인들에게서 높고 아프리카 지역에서는 낮다. 네안데르탈인은 유럽과 아시아에만 분포했고 아프리카에서는 살지 않았기 때문이다. 데니소바인의 유전자는 뉴기니와 티베트 지역에서 주로 나타난다. 다지역기원설은 각 지역에서 독립적으로 진화한 호모 사피엔스 사이에 질적 차이가 있다는 주장으로 이어지기 쉽다. 19세기 제국주의 시대에 인종적 편견이 서구 제국들의 식민지배 이데올로기로 악용된 사례도 있으며, 현재까지 특정 인종에 대한 멸시와 편견이 사라지지 않은 상황에서 지역별로 서로 다른 호모 사피엔스가 독립적으로 등장했다는 주장은 인종주의를 조장할 우려가 있다는 건 귀담아 들일 필요가 있다.

하지만 다지역기원설을 지지하는 이들은 이런 우려가 기우에 불과하다고 말한다. 호모 사피엔스가 아시아·유럽·아프리카 등지에서 독립적으로 등장했다 할지라도 서로간의 교류를 통해 수없이 유전자 교환이 이루어졌고, 특히나 7만 년 전의 멸종 위기로 인류의 유전자풀이 아주 좁아진 이후에는 어느 지역을 막론하고 의미 있는 유전적 차이를 가지고 있지 않게 됐다는 것이 그 근거이다. 한 지역 내 사람들이 가지는 다양성이, 지역별 다양성보다 더 크다는 것이다.

쉽게 예를 들어보자면 A반의 수학 평균점수가 82.5점이고 B반의 수학 평균점수가 82.6점이라고 하자. 두 학급 사이에는 0.1점이라는 아주 작은 차이만이 존재할 뿐이다. 반면 A학급의 학생 25명의 점수는 최고 100점에서 20점까지 다양하고 B학급도 마찬가지로 100점에서 18점까지 다양하다면, A반과 B반의 차이는 사소한 것이며 한 학급 내에서 점수의 폭이 큰 것이 더 중요한 문제다. 지금 우리 인간의 상황이 바로 그러하다. 아시아인이냐 유럽인이냐 아니면 아프리카인이냐는 유전적으로 중요한 차이가 없다는 것이다. 현재 우리가 보는 지역·인종·민족 간의 불평등과 격차는 유전적 차이가 아니라 경제력·교육·환경 등 사회적 환경의 차이 때문이라는 것이 이미 연구를 통해 밝혀졌다. 또한 차별과 편견을 강화하리란 우려 때문에 실제 일어났던 일을 일어나지 않았다고 할 수도 없는 것 아닌가.

현재 인류의 기원에 대한 논쟁은 크게 이렇게 두 가지로 나눠지지만 논쟁과 새로운 연구 결과를 통해 이 둘의 (학문적) 장점을 통합하는 모습들도 있다. 즉 호모 사피엔스가 탄생한 곳은 아프리카지만 각지로 확산되면서 그 지역에 미리 거주하던 고인류와 교류를 하게 되고 이 과정에서 그들의 유전자 일부가 흡수되었다는 주장이다. 이에 따르면 인류는 그 초기부터 '잡종'과 '혼혈'의 과정을 거쳐온 셈이다.

또 하나 우리가 주목해야 할 점이 있다. 아프리카기원설과 다지역기원설이 아직 서로 맞서고 있지만, 다지역기원설이 주장했던 것 중 호모 사피엔스가 단일한 하나의 종이 아니라는 사실은 이제 명확히 받아들여지고 있다는 것이다. 호모 에렉투스에서 시작된 다양한 인류 집단—네안데르탈인, 데니소바인, 호모 사피엔스—은 사실 같은 종의 일원이었으며, 우리 호모 사피엔스는 좀 더 커다란 종의 한 아종에 불과하다. 또 지금은 멸종한 네안데르탈인이나 데니소바인의 유전자도 우리 안에 살아남아 있다. 인류의 단일 계보를 말하는 신화는 말 그대로 신화일 뿐이다.

5장

원자를 둘러싼 2000년간의 대립

기본입자는 있다 VS 기본입자는 없다

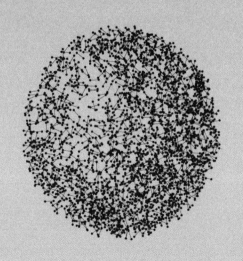

원자를 둘러싼 2000년간의 대립:
기본입자는 있다 VS 기본입자는 없다

"바 윗돌 깨뜨려 돌덩이 / 돌덩이 깨뜨려 돌맹이 / 돌맹이 깨 뜨려 자갈돌 / 자갈돌 깨뜨려 모래알."

어린 시절, 이렇게 시작되는 동요를 불러봤을 것이다. 그런데 궁금하지 않던가? 그 다음 모래알을 깨뜨리면 뭐가 나올지. 더 작은 모래알이나 먼지일까? 또 그렇게 계속 깨뜨려 가다보면 마지막에는 과연 뭐가 남을까? 아니면, 무한히 깨뜨려 나갈 수 있는 것일까?

자라나고 세상을 경험하게 되면서 누구나 이 세상이 무엇으로 이루어졌는지 한번쯤은 의문을 품어봤을 것이다. 이 세상 다양한 물질들의 근원은 무엇일까? 아마 이 질문은 인류가 가장 오래전부터 던져온 과학적 질문이 아닐까 한다. 그리고 놀랍게도 (혹은 어쩌면 당연하게도) 아직까지 이 질문에는 답이 나오지 않았다.

4원소 대 단일 원자

고대 그리스의 자연철학자들도 우주 만물의 근원이 무엇인지, 그것이 어떻게 세상의 다양한 모습들을 만들어내는지에 대해 고민하고 있었다. 초기에는 만물의 근원이 하나라 생각하고 물이나 불, 공기 등을 제시하기도 했지만, 시간이 흐르면서 물·불·흙·공기를 세상을 이루는 4가지 기본 요소로 제시한다. 여기서 물·불·흙·공기는 우리가 현실에서 만나는 실제 물질이라기보다는 만물의 여러 속성 중 만물의 변화를 추동하는 근원적인 '속성'을 일컫는다고 봐야 한다. 즉 왜 어떤 물질은 위로 올라가고 어떤 물질은 아래로 내려가는지를 설명하고, 어떤 물질은 무겁고 다른 것은 가벼운지를 말해주는 이유이다. 또 왜 나무에 불이 붙으면 재가 되는지, 왜 물은 어는지 등의 변화를 설명해주는 속성이기도 하다. 즉 그들은 네 가지 속성이 서로 다른 비율로 섞여 만물의 다양함과 변화의 다양함을 만들어낸다고 생각했다. 이는 운동과 변화는 사물에 내재된 속성에 의해 이루어진다는 전제를 가진다. 이것이 당시 사람들이 생각한 원소element의 의미였다.

여기에 반기를 든 것이 데모크리토스와 그의 스승 레우키포스의 원자atom론이다. 이들은 만물은 영원불멸하며 변하지 않는, 눈에 보이지 않을 정도로 아주 작은 입자로 구성되어 있다고 생각했다. 변화라는 것은 이 입자들이 모인 비율과 형태가 바뀌는 것이지 입자들 자체가 변하는 건 아니라는 생각이었다. 즉 식물이나 동물이 죽어서 분해가 되면 이를 구성하고 있는 원자들이 흩어지며 이 원자들은 새로운 물질을 만드는 데 쓰인다는 것이다.

이들은 영혼조차도 매끈하고 둥근 영혼 원자로 구성되어 있어 사람이 죽으면 이 원자들이 사방으로 흩어져 움직이다가 새로운 생명과 결합한다고 생각했다. 그러니 불멸의 영혼은 존재하지 않다. 또한 이들은 이 원자들의 운동에 외부의 의도는 전혀 없으며, 기본적인 운동원리는 있지만 완전히 우연적으로 운동한다고 봤다. 이런 의미에서 이들은 최초의 유물론자라 불릴 만하다.

이들은 세상이 이처럼 작은 원자들과 그 원자들이 움직이는 빈 공간으로 존재한다고 생각했으며, 이들에게 있어서 사물에 내재된, 운동과 변화를 이끄는 속성 같은 것은 없었다.

하지만 이들의 생각은 자연철학자 대부분에게 받아들여지질 않았는데 그 이유는 먼저 이들이 목적론을 부정했기 때문이다. 당시 자연철학자들 대부분은 사물의 변화와 운동이 일정한 의도로 일어난다고 생각했다. 굳이 신을 끌어들이지 않아도 그랬다. 플라톤은 사물의 운동이 큰 의미로 봤을 때 이데아를 향해가는 여정이라고 생각했고, 아리스토텔레스는 사물의 변화를 이끄는 원인을 목적인·동력인·작용인·질료인 네 가지로 봤는데 그중 가장 중요한 것을 목적인으로 보았다. 그런데 목적은 전혀 없고 우연에 의해 일어나는 게 세상일이라니 당연히 싫어할 수밖에 없었다.

두번째로 원자를 인정하자면 데모크리토스의 논지대로 빈 공간이 필요했는데, 아리스토텔레스를 포함한 당시 자연철학자들은 진공은 없다는 생각이었다. 이에는 몇 가지 이유가 있었는데 그중 하나는 힘의 전달 문제였다. 앞서 봤듯 그들은 힘이 항상 접촉에 의해서만 전달된다고 생각했다. 물론 세상에는 떨어져서 작용하는 듯이 보이는 힘도 있었다. 예컨대 시위를 떠났음에도 화살은 계속 앞으로 나아가고, 돌을 던지면 한동안 날아갔다. 이런 것에 대해서도 아리스토텔레스는 공기가 이들을 밀기 때문에 운동이 지속된다고 주장했다. 그런데 공간 사이사이 아무것도 없는 빈 공간이 있다면 물체는 힘을 전달받지 못해 아래로 떨어지게 된다. 당연히 진공을 인정할 수 없다. 아리스토텔레스는 아예 '자연은 진공을 싫어한다'고 선언한다.

더구나 그 원자들이 형태나 표면의 차이 외에 본질적으로 다른 것은 없다는 데모크리토스의 주장은 위험하기까지 했다. 영혼조차 다른 원자들과 별 다를 바 없는 영혼 원자로 구성되었다는 주장도 받아들이기 힘들었지만, 원자들 자체에 내재된 속성이 없다는 것 또한 기존의 자연철학 체계를 완전히 부정하는 내용이었다.

더 이상 나눌 수 없는 존재로서의 원자는 이들에게는 도저히 인정할 수 없는 개념이었다. 특히나 아리스토텔레스에게는 그것이 틀린 이론이라는 확신이 있었다. 그의 세계관은 당시 사람들이 일상적으로 접하는 세계를 훌륭하게 설명했다. 생물학·천문학·수학·물리학·화학—물론 당시에 이런 학문적 구분은 없었다—등 전반에 걸쳐 성공적으로 세상과 사물의 움직임에 대해 합리적인 설명을 제공하고 있었다. 자신의 세계관이 세계를 제대로 설명하

고 있다는 것이 아리스토텔레스에게는 원자가 없다는 간접적 증명
이었던 셈이다.

아리스토텔레스는 비판하기 위해 필요한 경우가 아니면 데모
크리토스를 절대로 자신의 책에 인용하거나 거론하지 않았을 정도
다. 아리스토텔레스와 함께 가장 많은 저작을 썼다고 알려진 데모
크리토스의 글이 다른 이의 인용을 제외하고 하나도 남아 있지 않
은 것이 이런 이유에서다.

그러나 데모크리토스의 원자론이 완전히 묻힌 건 아니었다. 로
마제국 시절 에피쿠로스학파가 그의 원자론을 잇는다. 실상 에피
쿠로스의 글은 거의 남아 있지 않고 대신 로마제국 시대의 루크레
티우스가 쓴 『사물의 본성에 관하여De rerum natura』가 이들 학파의 논
리에 대해 잘 이야기해주고 있다. 에피쿠로스의 원자론은 이후 르
네상스 시대를 거쳐 다시 유럽에 소개가 되지만 유물론적 관점을
가지고 있었기 때문에 백안시되며 비판의 대상이 될 뿐이었다.

원자론의 부활

2000년을 훌쩍 넘어 원자론에 새로운 불씨를 당긴 것은 보일을
위시한 화학자들이었다. 17세기 영국의 화학자였던 로버트 보일
Robert Boyle은 주로 기체에 대해 연구했는데, 우리에게는 기체의 부
피는 압력에 반비례한다는 '보일의 법칙'으로 잘 알려져 있다. 기실
그는 '보이지 않는 대학invisible college'이라는, 과학자단체의 중심인

물이었으며, 영국왕립학회의 창설자이기도 하다. 또한 그는 『회의적 화학자The skeptical Chemist』란 책을 통해 근대 화학의 문을 열었으며 연금술Alchemistry에서 'Al'(the에 해당하는 아랍어 접두어에서 유래)을 떼어내고 화학Chemistry란 용어를 처음 사용한 사람이기도 하다. 사실상 근대 화학과 원자론은 보일로부터 출발했다고 볼 수 있다.

그는 화학을 통제된 실험 속에서 정량定量분석을 통해 결과를 이끌어내는 학문이라 생각했다. 정량분석이란 간단히 말해 정확히 실험대상의 양을 측정할 수 있어야 한다는 것이다. 그런데 물질의 속성으로서의 추상적 의미만을 가지는 아리스토텔레스식 원소 개념은 정량분석과 맞지 않았다. 그래서 보일은 원소를 더 이상 간단한 성분으로 쪼갤 수 없는 물질이라고 새롭게 정의한다. 데모크리토스의 원자 개념에 매우 가까운 정의다.

그는 실제 실험을 통해서도 아리스토텔레스의 원소론이 잘못되었다는 걸 보여준다. 먼저 아리스토텔레스는 공기가 물질의 가장 기본적인 속성의 하나라 여겼지만, 보일은 공기가 단일한 물질이 아니라 혼합물이라고 예측했고 실험으로 증명했다.(그렇지만 공기에 어떤 기체들이 포함되어 있는지는 알지 못했다. 나중에 다른 과학자들에 의해서 공기 중에 있는 산소·이산화탄소·질소 등이 발견된다.) 공기가 혼합물이라면 4원소설 자체가 성립할 수 없는 것이다.

아리스토텔레스가 단호히 배격한 진공의 존재도 보일에 의해 증명된다. 그는 기체의 압력과 부피 사이의 관계를 연구하기 위해 진공펌프를 조수인 로버트 훅과 함께 개발하고 이를 통해 진공이 존재한다는 걸 확인한다.

이렇듯 보일은 근대 원자론의 기반을 마련했으며, 보일 이후 원자론은 두 가지 연구 속에서 자신의 모습을 드러낸다. 하나는 화합물이 결합하는 반응을 연구하면서 나왔고 다른 하나는 열역학에서 나왔다. 둘 모두 화학자들의 영역이었다. 먼저 화학결합의 연구를 살펴보자.

지금에야 과학에서 정량분석은 아주 당연한 이야기다. 하지만 처음부터 그랬던 것은 아니다. 화학에서 정량분석이란 틀이 만들어진 것은 보일부터지만, 보일의 정량분석은 주로 압력과 기체의 부피 관계에만 적용됐을 뿐 화합물의 분리와 결합에서 이를 제대로 실현해내지는 못했다.

제대로 된 정량분석을 해낸 이는 앙투안 라부아지에Antoine-Laurent de Lavoisier다. 보일로부터 약 100년 후인 18세기 후반 라부아지에는 정확한 정량분석을 통해 닫힌계closed system의 질량은 상태 변화에 관계없이 변하지 않고 같은 값을 유지한다는 법칙을 발표한다. 최초의 실험 의도는 그와 조금 달랐다. 당시 화학자들 중에는 물을 끓이면 물이 변해 흙이 된다고 생각했던 이들이 꽤 있었다. 앞서 이야기한 보일조차도 그러했다. 이는 아리스토텔레스가 물이 가지고 있는 속성인 무거움과 습함 중에서 습함을 제거하면 무거움과 건조함이 속성인 흙으로 된다고 여긴 데서 유래한다. 그러나 라부아지에는 실험을 통해 물이 완전히 끓어 사라진 뒤 남은 고체는 물이 변한 것이 아니라 물을 담은 유리병 중 일부가 떨어져 나온 것임을 입증한다. 이 과정에서 닫힌 공간 안에서 물질을 연소시키면 물질에서 감소한 질량이 그대로 그 안의 기체에서 증가한 양과 같음도 증명한다. 이것이 화학반응의 전후에 질량이 변함없이 유지된다는 '질량보존의 법칙'이다.

라부아지에의 분투를 이은 이는 프랑스의 화학자이자 약학자였던 조제프 루이 프루스트Joseph Louis Proust다. 그는 1799년 하나의 화합물을 이루고 있는 원소의 질량비가 항상 일정하다는 것을 발견했다. 자신이 인공적으로 합성한 탄산구리와 자연에서 발견한 탄산구리는 항상 탄산과 구리의 질량비가 같음을 확인했다. 즉 화학반응이 일어날 때 아무렇게나 일어나는 것이 아니라 반응하는 물질들 사이에 일정한 질량비로만 반응이 일어난다는 것이다. 이를 '일정성분비의 법칙'이라고 한다.

이제 공은 존 돌턴John Dalton에게 넘어갔다. 영국의 화학자이자 물리학자 그리고 기상학자이기도 했던 돌턴은 그간 연구되었던 정량적 화학연구의 결과를 집대성해서 원자론을 내놓는다. 그의 초기 연구는 색맹에 대한 것과 기상학이었다.(돌턴 본인이 색맹이었으며, 지금도 영어로 색맹은 그의 이름을 따 daltonism이라고 부른다.) 그런데 기상학을 연구하는 과정에서 기체에 대한 연구를 지속하고 마침내 원자론을 발표하기에 이른다.

그의 원자론은 네 가지 내용으로 구성되어 있었다.

① 같은 종류의 원자는 모두 같은 크기와 질량, 성질을 가진다.

② 원자는 더 이상 쪼개지지 않는다.

③ 원자는 다른 원자로 바뀔 수 없으며 사라지거나 생겨날 수 없다.

④ 화합물은 정수비로 결합된 원자들로 이루어져 있으며, 화학 반응은 원자들의 결합 방법이 바뀌는 것이다.●

③번과 ④번은 기존에 발견된 질량보존의 법칙과 일정성분비의 법칙을 다시 정리한 것이다. 질량이 보존되는 이유는 화학반응에 참가하는 원자 자체가 변하는 것이 아니라 원자들의 배열이 바뀌는 것뿐이며, 일정성분비의 법칙이 성립하는 것은 원자들 사이에 배열이 바뀔 때 다른 종류의 원자들끼리 1:1이나 2:1 혹은 2:3과 같은 정수비로 결합을 하기 때문이라는 것이었다. ②번은 정수비가 나타나는 이유다. 만약에 원자가 쪼개진다면 정수비가 성립하지 않고 1.5:2.5 식으로 나타날 수도 있다.

하지만 이런 이론이 성립하기 위해선 전제가 있어야 한다. 가령 산소 원자가 10개 있다고 하자. 이들 산소 원자끼리는 모양도 크기도 질량도 같아야 한다. 만약 같은 산소 원자인데 모양이나 크기가 다르면 배열이 일정하게 일어나지 않으니 일정성분비의 법칙이 성립하지 않는다. 또한 같은 종류의 산소 원자인데 서로 질량이 달라도 질량비가 일정할 수 없다. 따라서 일정성분비의 법칙이 성립하

● 현재 그의 원자론 일부는 수정되어야 한다. ①번에서 같은 종류의 원자라도 중성자의 개수에 따라 서로 다른 질량과 성질을 가지는 동위원소가 존재한다. ②번에서 원자는 전자와 원자핵으로 나눌 수 있다. ③번에서 원자는 핵융합과 핵분열 등을 통해 다른 종류의 원자로 바뀐다.

려면 같은 종류의 원자는 모두 동일해서 서로 구분이 되질 않아야 한다. 그래서 ①번이 필요했다.

또 화학반응 중 한 종류의 원자가 다른 종류의 원자로 바뀌게 되면 일정성분비의 법칙은 성립할 수 없다. 산소 하나와 수소 둘이 반응하여 물 분자를 만드는데 이 과정에서 수소 원자 하나가 만약 산소가 되거나 혹 다른 종류의 원자가 된다면 이 또한 말이 되질 않는 것이다.

이렇게 돌턴은 원자가 기본입자라고 제시했다. 하지만 돌턴의 원자론은 가설Hypothesis이었다. 당시의 과학과 기술 수준으로는 눈에 보이지 않는 원자가 실재한다는 것을 증명할 방법이 없었다. 화학자들 중 많은 이들이 이 원자론이 세계의 본질에 맞닿아 있다고 생각했지만, 다른 화학자들과 다수의 물리학자들은 원자론은 증명할 수 없는 이론이며, 화학반응을 설명할 유용한 '도구'일 순 있지만 진리라고 생각하진 않았다.

화학에서 물리학으로

한편 기체에 대한 연구는 꾸준히 발전한다. 시대적으로는 증기기관이 산업혁명을 일으킬 때쯤이다. 증기기관이 일상적으로 쓰이게 되는 과정에 당시의 과학이 기여한 바는 거의 없었다. 대신 증기기관이 대중화된 이후 이에 대한 과학적 해석이 필요해졌다. 보일이 먼저 기체의 압력과 부피가 서로 반비례하는 관계라는 걸 발견한 뒤 약 100년 후 다른 발견들이 이어졌다. 1802년 조제프 루이 게이뤼삭Joseph Louis Gay-Lussac은 흔히 '샤를의 법칙'이라고 알려진, 기체의 온도와 부피가 서로 비례한다는 사실을 발표한다.(이 사실을 처음 발표한 것은 게이뤼삭이지만, 그는 그러면서 자크 알렉상드르 세사르 샤를의 미발표 논문을 인용했다고 밝혔다. 그래서 '샤를의 법칙'으로 불린다.) 이를 통해 기체의 부피는 온도와 압력에 의해 그 크기가 결정된다고, 즉 온도가 높을수록 기체의 부피가 커지고 압력은 그 반대로 작용한다는 것이 알려졌다.

게이뤼삭은 또한 기체들끼리의 반응에서 반응하는 기체들의 부피 사이에는 일정한 정수비가 성립한다는 것을 밝혔다. 이를 흔히 '기체반응의 법칙'이라 부른다. 예를 들어 수소와 산소가 반응하여 수증기가 생길 때 각 기체의 부피 사이에는 2:1:2의 비율이 성립한다.

뒤이어 1811년 아메데오 아보가드로Amedeo Avogadro는 '아보가드로의 법칙'이라 이름 붙여진 연구 결과를 발표한다. 기체는 종류가 서로 다를지라도 온도와 압력이 같다면 같은 부피에 같은 개수의 입자가 들어 있다는 주장이었다. 게이뤼삭의 기체반응의 법칙을 더욱 발전시킨 것이다. 이 과정에서 아보가드로는 근대 화학의 역사에 또 다른 중요한 기여를 하게 되는데, 바로 '분자molecule' 개념을 도입한 것이다. 이전까지 화학반응은 원자들끼리의 반응이라고 생각되었지만, 아보가드로는 화학반응의 주체는 원자들이 모여 만들어진 분자라고 주장했다. 예를 들어 이전에는 산소 원자 하나(O)

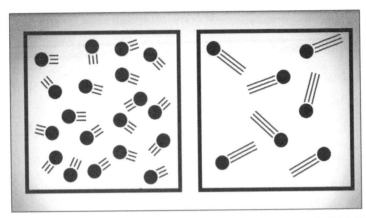

물리학자들은 기체의 온도를 기체를 구성하는 원자들의 운동에너지라고 해석했다. 원자의 존재가 증명되기 전이지만, 이런 이론이 성립하려면 원자가 존재해야만 했다.

와 수소 원자(H) 둘이 만나 물(H$_2$O)을 만든다고 생각했지만 이제 산소 원자 두 개가 모여 만들어진 산소 분자(O$_2$) 하나와 수소 원자 두 개가 모여 만들어진 수소 분자(H$_2$) 두 개가 만나 물 분자(H$_2$O) 둘을 형성한다는 식으로 바뀐 것이다. 이를 통해 이전에는 이해가 힘들었던, 기체들 간의 반응에서 나타나는 부피비의 문제가 해결되었다. 그리고 아보가드로의 분자 개념은 원자의 존재를 전제로 하는 것이니만큼 원자론의 또 다른 토대가 되기도 한다.

아보가드로의 연구 이후 기체가 분자라는 가정 아래 열역학이 체계화되었다. 1857년 독일의 물리학자 루돌프 율리우스 에마누엘 클라우지우스Rudolf Julius Emanuel Clausius는 '기체가 끊임없이 움직이는 작은 원자들로 구성되어 있다고 가정한다면, 압력과 온도는 원자들의 평균속도의 제곱에 비례하며, 기체의 온도는 그런 가상의 원자들이 가지고 있는 평균운동에너지에 해당한다'는 이론을 발표했다. 이 시점에서 드디어 기체의 운동과 열, 부피와 압력 등에 관한 연구가 화학만의 독자적인 영역에서 벗어나 물리학과 만나게 된다. 좀 더 정확히는 이전까지 실험을 통해 얻은 자료를 중심으로 만들어졌던, 즉 귀납적으로 정의되었던 기체들의 각종 법칙이 역학적 해석을 통해 재정립되면서 열역학熱力學, Thermodynamics이 된 것이다.•

1860년 맥스웰은 클라우지우스의 이론을 바탕으로 기체 원자의 속력 분포를 나타낼 수 있는 식을 만들었으며, 1868년 루트비히 볼츠만은 이를 더욱 가다듬어 '맥스웰-볼츠만 분포'를 내놓았다. 그리고 원자 분포의 확률을 알아내는 방법을 제시했는데 가장 가능성이 높은 분포는 다름 아닌 '맥스웰-볼츠만 분포'라는 결과를 발견했다. 클라우지우스로부터 시작된 기체운동에 대한 열역학적 해석은 볼츠만에 의해 확고하게 자리잡게 되었고, 이는 현대 물리학의 한 영역인 통계역학이 되었다.

확인된 원자의 존재

그러나 원자론에 기초한 볼츠만의 열역학은 물리학자와 과학

● 클라우지우스는 이 과정에서 열역학의 기초가 되는 열역학 제1법칙 "어떤 계의 내부 에너지 증가량은 계에 더해진 열에너지에서 계가 외부에 해준 일을 뺀 양과 같다"와 열역학 제2법칙 "고립된 계의 총 엔트로피는 감소하지 않는다"를 발표한다.

철학자들에게 거센 비판을 받는다. 대표적인 사람은 오스트리아의 물리학자이자 과학철학자인 에른스트 마흐Ernst Mach다. 논리실증주의자였던 마흐는 원자의 존재를 믿지 않았다. 그는 "명백하게 실재하는 현상을 인간의 눈에서 영원히 감추어져 있는 '원자'로 설명하려는 것은 잘못"[13]이라고 주장했다.

이 부분은 '과학이란 무엇인가'라는 질문에 닿아 있다. 열熱 현상 등 실험을 통해 직접 관찰할 수 있는 명백한 법칙들을 아무도 볼 수 없는 가상적인 입자를 전제로 해서 설명해야 할 이유가 무엇이냐는 것이다.

과학혁명 때부터 이어져온 근대 과학의 방법론 중 하나는 실제 관측한 사실과 실험한 결과를 가지고 대상들 사이의 '관계'를 밝히는 것이었는데, 마흐의 주장이 바로 이 지점에 닿아 있었기 때문에 상당한 설득력을 얻었다. 마흐는 원자론이 '옳은 답을 제공하는 수학적인 관계식으로 구성된 모형일 수는 있더라도, 원자가 존재한다는 객관적인 증거가 될 수 없다'고 생각했다.

2000년 전 아리스토텔레스와 데모크리토스의 논쟁은 원자라는 더 이상 나눌 수 없는 기본입자가 존재하느냐 그렇지 않느냐에 대한 논쟁이었다. 이는 두 사람 각각의 세계관에 핵심적인 부분이었기 때문에 둘 다 물러설 수 없는 지점이었고, 또한 구체적 증거로 서로를 논박할 수도 없었다.

이제 오랜 시간이 지나 볼츠만과 마흐는 다시 원자의 존재를 놓고 맞붙었다. 그러나 사정은 2000년 전과 다르다. 2000년 전 아리스토텔레스는 원자가 존재하는 것 자체가 자신의 세계관을 허문다는 점에서, 그리고 자신의 세계관이 세계의 작동원리를 제대로 설명하고 있다는 점에서 원자의 존재를 부정했다. 아리스토텔레스가 오히려 간접적 증거를 통해서 원자의 존재를 부정한 것이다. 그러나 2000년 후에는 오히려 원자론자들이 아리스토텔레스처럼 간접적 증거를 통해 원자가 있음을 주장한다. 원자론을 주장하는 쪽은 원자론을 전제로 한 화학과 열역학이 현실의 다양한 현상을 제대로 설명하고 있기 때문에 간접적으로 원자의 존재가 증명되었다고 여겼다.

19세기 말에서 20세기 초까지 이어지는 이 논쟁은 결론이 나진 않았다. 그러나 세상은 볼츠만에게 우호적이지 않았다. 1904년 열린 세계물리학회에 볼츠만은 초대받지 못했다. 그는 수학 영역으로 참석했지만 학회의 전반적인 분위기는 원자론에 회의적이었다. 그리고 1906년 볼츠만은 자살한다. 어떤 이는 원자론을 둘러싼 논쟁과 물리학계의 냉담한 분위기가 그를 자살로 몰고 갔다고 이야기하고, 또 다른 이들은 원자론을 둘러싼 논쟁이 자살의 주요 이유는 아니라고 말한다.

어찌 되었건 안타까운 것은 자살하기 바로 전년인 1905년에 원자론을 입증할 논문이 발표되었다는 점이다. 바로 아인슈타인의 브라운운동Brownian motion에 관한 논문이었다. 브라운운동은 물 위의 아주 작은 입자가 불규칙하게 움직이는 현상을 말하는데, 식물학자 로버트 브라운이 물 위에 떠 있는 꽃가루를 관찰하다가 아무 외부 영향 없이도 꽃가루가 불규칙하게 움직이는 현상을 발견하면서 그의 이름이 붙었다. 이 브라운운동은 그 당시까지 원인이 밝혀지지 않았다.

아인슈타인은 이것이 물 분자들의 진동에 물 위의 작은 입자들이 영향을 받아 일어나는 현상일 것이라고 추측했다. 그리고 그런 가정 아래, 통계적 방법으로 입자들이 움직이는 거리를 계산해냈다. 움직이는 방향은 완전히 무작위적이어도 일정한 시간 동안 계속 움직인다면 최초의 지점으로부터 멀어지는 거리는 통계적으로 추측할 수 있다. 주사위를 던졌을 때 무슨 숫자가 나올지는 알 수 없지만 아주 많이 던지면 1이 나올 확률이 1/6이 된다는 건 알 수 있듯이, 물 위의 입자도 무작위로 움직이더라도 일정한 시간 동안 이동한 거리의 평균은 구할 수 있다.

그리고 아인슈타인이 간단한 식으로 만들어 내놓은 결과치를 1908년 프랑스의 물리학자 페랭J. B. Perrin이 실험을 통해 확인하면서, 브라운운동이 물 분자의 진동 때문이라는 것이 입증된다. 그렇다면 분자를 구성하는 원자도 마찬가지로 존재할 수밖에 없다. 특히 아인슈타인의 이 공식을 이용하면 일정 부피의 기체와 액체 속에 있는 분자와 원자들의 수를 셀 수 있게 됐다. 볼츠만의 자살 전후로 불과 1~2년 사이의 일이었다. 마흐의 주장처럼 눈에 보이는 결과가 나타난 것이다. 현미경으로도 볼 수 없는 아주 작은 입자지만 그 개수를 셀 수 있다면 이는 실재한다고 볼 수밖에 없는 것이다.

이 논쟁은 끝났는가

원자로만 보면 논쟁은 끝났다. 브라운운동을 설명한 아인슈타인의 1905년 논문으로 하나의 마무리가 지어졌고, 조지프 톰슨이 전자를 발견하고 어니스트 러더포드가 원자핵을 발견해 원자 자체도 내부 구조를 가지고 있는 사실까지 확인되면서 원자가 실재하느냐에 대한 논쟁은 끝났다. 더구나 이제 우리는 전자현미경을 통해 원자의 실체를 볼 수도 있다.*

하지만 애초에 이 논쟁의 시작은 모든 물질은 더 이상 나눠지지 않는 기본입자가 있느냐는 것이었다는 점을 기억하자. 이런 의미에서 원자는 기본입자는 아니다. 원자는 원자핵과 전자로 이루어져 있으며 분리 가능하다. 또 원자핵은 양성자와 중성자라는 입자로 이루어져 있다. 양성자와 중성자 또한 기본입자는 아니다. 둘 모두 쿼크가 세 개 모여 이루어진 입자다. 원자 내부에서 강한 상호작용을 매개하는 글루온 또한 쿼크 두 개로 이루어진 입자다.

현재 수준에서 기본입자는 전자와 쿼크quark 등이다. 하지만 현재 밝혀진 기본입자 자체가 너무 많다는 점에 불만을 표시하는 과학자들이 다수 있다. 여섯 종류의 쿼크와 그에 대응하는 여섯 개의

● 전자현미경을 통해 원자를 본다는 것에 의문을 제시할 수도 있다. 양자터널 현상을 이용해 거리를 측정하는 것을 시각화한 데 불과한데 이를 과연 본다는 것의 범주에 넣을 수 있느냐는 것이다. 하지만 우리가 본다는 것은 결국 전자기파가 물체의 표면에서 반사된 것을 감각하는 일이라는 점에서 이는 크게 보아 본다는 것의 범주에 넣어도 될 것이다.

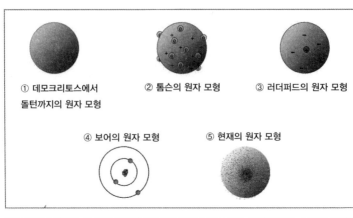

원자 모형의 변천사. ① 돌턴 이전까지의 원자 모형은 말 그대로 쪼개지지 않는 단일한 입자였다. ② 전자를 발견한 톰슨은 원자 속에 골고루 퍼져 있는 양성자 사이에 전자가 여기저기 박혀 있는 모형을 제안했다.('건포도가 박힌 푸딩' 모형) ③ 러더퍼드는 한걸음 더 나아가 양전하를 띤 원자핵 주위를 전자가 돌고 있는 모형으로 발전시켰다. ④ 보어는 전자가 특정 궤도만을 돌며 에너지를 흡수 또는 방출할 때 다른 궤도로 점프하게 된다고 봤다. ⑤ 양자역학이 제시하는 현재의 원자 모형으로, 원자는 여러 입자로 이루어져 있으며 그 입자들의 위치는 확률적으로만 알 수 있다.(위치가 정해지지 않았기 때문에 구름처럼 퍼져 있는 것으로 표현한다.)

반쿼크antiquark가 있고, 전자를 포함하는 여섯 종류의 렙톤과 그에 대응하는 반렙톤이 있으며 힘을 매개하는 네 개의 보손boson과 질량을 매개하는 힉스higgs 입자까지가 모두 기본입자다. 이들은 모두 내부구조를 가지지 않는 존재다. 왜 이렇게 많은 기본입자가 있을까에 대한 답은 아직까지 없다. 또한 이 기본입자들 사이에 질량의 차이가 너무 크다. 질량이 전혀 없는 광자도 있고, 그 다음으로 질량이 적다고 여겨지는 뉴트리노neutirino와 가장 질량이 큰 톱쿼크는 서로간의 질량 차이가 장난감 자동차와 덤프트럭 간의 차이 이상이다. 기본입자들끼리 왜 이리 질량이 차이가 나는지에 대해서도 우린 모른다.

그리고 이들 입자는 '점point' 입자다. 즉 부피가 없다. 양자역학적으로 질량은 가지지만, 이들이 부피를 가지면 파탄이 일어난다. 대충 계산하기 편하게 부피가 없다고 하는 것이 아니라 기본입자가 가져야 할 양자역학적 성질 자체가 부피를 가지지 않는 것이다. 부피를 가지지 않는 입자라는 개념을 불편하게 생각하는 이들 또한 있다.

이런 점들 때문에—꼭 그 때문만은 아니지만—이들이 진정한 최종적 기본입자인지에 대해서는 반론이 있다. 이제 꽤 많은 사람들이 그 이름을 들어본, 하지만 아직 검증되지 않은 가설인 초끈이론에 따르면 이들은 모두 일정한 부피를 가지는 끈의 진동에 의해 서로 다른 특성이 드러난 존재일 뿐이다.

그런데 부피를 가지지 않는 점입자라면, 애초에 기본입자라는 것은 없고 본질적 속성만 있다는 아리스토텔레스의 주장에 대해 어찌 그르다고 이야기할 수 있을까? 질량을 가진다는 것은 중력에 대한 상호작용을 할 수 있는 능력이며 전하를 가진다는 것은 전자기적 상호작용을 할 수 있는 능력일 뿐이다. 그것은 어찌 보면 어떤 지점 하나를 중심으로 어느 정도 크기를 가진 중력장이나 전자기장이 펼쳐져 있다고 이야기하는 것과 전혀 다를 바가 없다. 즉 입자가 아닌 공간의 어느 지점이 가진 성질이라고 이야기할 수도 있는 것이다. 또한 양자역학적 관점에서 보자면 이들 기본입자는 입자이자 동시에 파동이기도 하다. 우리가 어떻게 볼 것인가에 따라 이들은 입자도 되고 파동도 된다. 파동으로서의 점입자는 과연 더 이상 나눌 수 없는 기본입자라는 성질을 만족하는 것일까?

물론 '더 이상 나눌 수 없다'는 건 현재로선 맞지만, 그 입자가 부피를 가지지 않는다는 점 및 파동과 입자의 이중성을 생각해보면 멀리 멀리 고대 그리스에서 벌어졌던 기본입자의 논쟁은 아직 끝나지 않았다고도 볼 수 있다. 물리학이 발달하면서 이들을 구성하는 더 낮은 차원의 입자가 발견될지, 초끈이론이 주장하는 부피를 가진 입자(끈)이 존재할지 과학의 발전을 기대해보자.

6장

시간과 공간은 존재하는가

가상적 개념 VS 객관적 실재

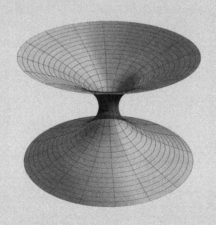

시간과 공간은 존재하는가:
가상적 개념 VS 객관적 실재

종로3가는 어디에 있냐고 물으면 종로2가에서 동쪽으로 500m 떨어져 있다고 답할 수 있다. 그럼 종로2가는 어디에 있냐고 물으면 광화문광장에서 동쪽으로 500m 떨어져 있다고 또 이야기할 수 있다. 이렇게 우리는 무엇인가의 위치를 가리킬 때 다른 물체로부터의 방향과 거리를 통해서 이야기한다. 다른 물체를 이야기하지 않고 특정 물체의 위치를 이야기할 순 없을까?

가령 대한민국은 북위 38도 동경 138도 부근에 위치한다. 이렇게 말하면 다른 물체의 위치를 이야기하지 않는 것이 될까? 그렇지 않다. 위도와 경도도 기준이 있기 때문이다. 경도는 영국의 그리니치 천문대를 0으로 설정하고, 위도는 적도가 0도다. 그래서 동경 138도라는 것은 지구의 중심과 영국의 그리니치 천문대를 잇는 직선에서 대한민국과 지구의 중심을 잇는 선 사이의 각도가 동쪽으로 138도라는 이야기고, 북위 38도라는 것은 적도와 지구의 중심을 잇는 선에서 대한민국과 지구의 중심을 잇는 선 사이의 각도가 북극 방향으로 38도라는 이야기다.

조금 더 범위를 넓혀보아도 마찬가지다. 지구는 태양으로부터 빛의 속도로 약 8분 거리에 위치한다. 태양은 은하의 중심으로부터 2만 7000광년 떨어진 곳에 존재한다. 어느 천체건 간에 다른 천체를 기준으로 해서만 위치를 이야기할 수 있다. 즉 우리는 다른 물체를 기준으로 잡지 않으면 특정 물체의 위치를 이야기할 수 없는 것이다.

먼 과거에는 이런 고민이 문제가 되질 않았다. 우주의 중심은 지구라고 생각했고, 지구를 벗어날 일이 없었기 때문이다. 어느 물체고 간에 지구를 기준으로 하면 됐다. 하지만 우주의 중심이 지구가 아니고 나아가 태양도 아니라면, 더 나아가 우주의 어디에도 중심이 없다면, 결국 물체의 위치를 말하기 위해서는 다른 물체의 위치를 기준으로 할 수밖에 없다. 그러나 기준이 되는 그 물체도 또다른 물체가 없다면 위치를 지정할 수 없다. 지구는 태양으로부터 빛의 속도로 8분 떨어져 있다는 식으로 말할 수밖에 없는 것처럼, 태양도 지구로부터 빛의 속도로 8분 떨어져 있다고 말할 수밖에 없는 것이다.

이런 관계에 대해 고민하던 사람들 중 어떤 이들은, 결국 이 공간이라는 것은 물체들 사이의 상대적 거리를 나타내기 위해 우리 머릿속에 그린 일종의 개념에 불과하다는 결론을 내렸다. 하지만 또 다른 이들은 공간이 실제로 존재하지 않는다면 어떻게 물체가 존재할 수 있는가라는 반문을 던진다. 물체는 공간을 점유하는 존재이니 물체가 있다는 것 자체가 공간이 존재한다는 증거라는 주장이다.

시간에 대해서도 마찬가지 발상을 전개해볼 수 있다. 직관적으로 우리는 시간이 한 방향으로만 흐르고 있다는 걸 안다. 계란은 깨어지지만 다시 붙진 않는다. 우리는 늙기는 하지만 젊어지진 않는다. 시간은 과거에서 미래로만 흐른다. 하지만 시간이 흐른다는 것은 무엇인가에 대해 질문하는 이들은 여기서도 의문을 제기한다. 특정한 사건이 일어나고, 또 다른 사건이 일어날 때 이 두 사건 사이의 선후관계를 파악하기 위해서 우리 머릿속에서 그리는 개념이 시간인 것은 아닌가 하는 의문이다.

물론 시간의 실존을 주장하는 사람들도 있었다. 공간에서와 마찬가지로 어떤 사건이 일어나 이전과 이후가 달라졌다면 그 달라짐 자체가 각각의 시간 속에서 존재하는 것이니, 사건이 일어남 자체가 시간의 존재를 증명한다는 것이다. 어찌 보면 대단히 철학적인 시간과 공간에 대한 이 논쟁은 그러나 물리학에서 꾸준히 이어져온 논쟁이기도 하다.

뉴턴과 라이프니츠의 대결

사실 대부분의 사람들은 시간과 공간이 실재實在한다고 믿는다. 다만 시간과 공간의 존재를 증명해보라고 하면 다들 난감할 뿐이다. 시간과 공간의 실재에 대해 물리학적으로 처음 의문을 제기한 사람은 뉴턴의 라이벌이었던 라이프니츠였다. 그리고 이에 반박하며 그 존재를 물리학적으로 증명한 첫 사람이 뉴턴이었다.

라이프니츠의 주장을 살펴보기 위해선 갈릴레이의 상대성 개념을 먼저 이해해야 한다.

가령 우주 공간에 영희와 철수 두 사람이 각기 로켓을 타고 서로에게 다가가고 있다고 생각해보자. 영희는 '철수가 내 쪽으로 $200km/h$의 일정한 속도로 달려오고 있군'이라 생각하고, 철수는 반대로 '영희가 내 쪽으로 $200km/h$의 일정한 속도로 달려오고 있군'이라 생각한다면 누가 맞는 걸까? 사실을 확인하려면 둘 말고 다른 물체를 봐야 한다. 마침 둘 근처에 별이 하나 있다고 하자. 그 별에 대해 영희의 위치는 변함이 없고 철수의 위치가 변하고 있다면 우린 '아, 철수가 영희 쪽으로 가고 있군'이라고 판단할 수 있다. 하지만 만약 그 별이 영희와 같은 속도로 철수 쪽으로 움직이는 중이라면 어떨까? 철수가 그렇게 주장하며 자기는 가만히 있다고 말하면 여기에 반박할 수 있을까? 갈릴레이는 반박할 수 없다고 이야기한다. 이를 '갈릴레이의 상대성'이라고 한다. 즉 서로간의 거리가 변하는 두 물체가 있을 때, 두 물체 중 무엇이 움직이고 정지해 있는지는 그 자체로 판단할 수 없고 판단할 필요도 없다는 것이다.

이 말은 다시 바꾸면 이렇게 해석해도 된다. 영희가 우주의 중심이 자신이며 철수가 영희를 향해 움직인다 생각해도 맞고, 철수가 우주의 중심이 자신이며 영희가 자신을 향해 움직인다 생각하는 것도 맞다는 뜻이다. 그리고 둘 중 아무 관점이나 골라 운동에 대해 해석해도 두 해석은 모두 맞다는 뜻이기도 하다.

라이프니츠는 갈릴레이의 상대성을 정리하면서 공간은 사물들의 위치를 결정해주는 관계 또는 위치 질서일 뿐이라고 주장한다. 그는 시간 또한 마찬가지라고 생각했다. 그는 "나는 공간을 시간과 마찬가지로 순전히 상대적인 것으로 여긴다고 이미 여러 차례 강조했다. (…) 시간은 동시에 공존하지 않는 것들의 질서다. 이로써 시간은 변화의 보편적 질서가 된다"라고 썼다.

그러나 뉴턴은 이런 주장에 강력히 반대했다. 사실 뉴턴의 역학은 절대공간과 절대시간을 전제로 성립된 것이다. 즉 뉴턴의 관점에서 시간과 공간은 우주의 모든 사건이 그 안에 담기는 어떤 것이다. 그는 공간은 모든 곳에 존재하는 일종의 본질적인 요소이며 또 거대한 그릇으로서 별과 행성, 인간 등 우주 삼라만상을 담고 있는 존재라고 주장했다. 또 시간에 대해서도 이렇게 말했다. "절대적이고 참되고 수학적인 시간은 그 자체로 흘러가며 본성상 등속等速이고 어떤 외적 대상과도 관계하지 않는다."[14]

뉴턴은 1689년 다음과 같은 사고실험을 통해 절대공간을 증명하고자 했다. 물이 반쯤 든 양동이를 손잡이에 끈을 묶어 천장에 매달아놓자. 그리고 양동이를 매단 끈을 한쪽 방향으로 아주 많이 꼬아놓는다. 이제 양동이를 잡고 있던 손을 놓으면 끈이 풀리면서 양동이가 회전하기 시작할 것이다. 처음엔 양동이만 돌고 물은 가만히 있다. 하지만 양동이의 회전력이 물에 전달되면서 물은 그 힘을 받아 점점 돌기 시작해 곧 양동이와 같은 속도에 도달한다. 그러면서 물 가운데가 오목하게 내려가고 양동이에 닿는 바깥 부분은 위로 올라온다. 흔히 관찰할 수 있는 현상이다. 물이 가속운동을 하며 바깥으로 밀려나가는 힘을 받기 때문이다.

이제 이 양동이가 우주에 홀로 떠 있으면서 돌고 있다고 생각해보자. 앞서 끈에 매달아 공중에 띄운 양동이의 경우에는 주변 사물과 비교하여 돌고 있다는 걸 알 수 있다. 하지만 우주에 어떤 천체도 없고 오로지 양동이 하나만 존재하는 상황이면 이 양동이가 돌고 있다는 사실을 알 방법이 있을까? 뉴턴에 따르면, 알 수 있다. 이때도 양동이가 회전하기 시작한다면, 물은 가운데가 오목하게 내려가고 양동이와 닿는 바깥쪽이 올라갈 것이다. 운동 여부는 다른 물체와의 상대적 차이를 통해서만 알 수 있다는 라이프니츠의 관점은 따라서 틀렸다. 양동이와 물이 같은 속도와 방향으로 돌고 있지만, 회전운동을 한다는 사실을 알 수 있기 때문이다. 만약 당신이 바깥이 전혀 보이지 않는 둥근 원통 모양의 방 안에 있다고 치자. 이 방이 돌고 있다면 당신은 그것을 알 수 있을까? 물론 알 수 있다. 원통 모양의 방이 돌기 시작하면 당신도 같이 돌게 될 것이고 힘을 주어 버티지 않는다면 점점 바깥쪽으로 밀려가 벽에 붙게 되고, 붙은 상태에서도 당신을 벽으로 미는 힘을 느낄 것이다. 이처럼 양동이 속의 물이든, 원통 속의 당신이든 우주에 다른 어떤 물질이 없어도 자신이 회전한다는 사실을 알 수 있다.

바로 이것이 절대공간이 있다고 뉴턴이 주장하는 이유이다. 아

아무것도 없는 우주에서 물이 담긴 양동이가 회전한다면 물은 어떻게 되겠는가? 뉴턴은 물은 원심력의 작용으로 가운데가 오목하게 내려갈 것이며, 이는 우주에 모든 운동의 기준점인 절대공간이 존재한다는 증거라고 주장했다. 라이프니츠는 이를 수긍하고, 공간의 상대성에 대한 자신의 주장을 철회한다.

무엇도 없는 우주에서도 양동이 속의 물이 그런 현상을 보이는 건 절대공간이 존재하기 때문이라는 것이다. 이 절대공간이 양동이와 그 속의 물을 포함해 모든 운동의 기준이 된다는 것이다.

이 사고실험에 부딪혀 라이프니츠는 자신의 주장을 철회하게 된다. 자신의 주장처럼 공간이 그저 두 물체 사이의 거리를 나타내기 위한 개념일 뿐이라면, 물통 속의 물은 가속운동(정지해 있다가 힘을 받아 도는 것이기에 가속운동이다)의 기준을 잃어버리게 된다. 그럼에도 물통 속의 물이 오목하게 가운데가 내려갈 것은 당연하다. 그렇다면 도대체 무엇에 대해 가속운동을 한다는 말인가? 라이프니츠는 바로 이 지점에서 절대공간을 인정할 수밖에 없었다.

그러나 공간은 단지 두 물체 사이의 거리를 나타내기 위한 개념이라는 라이프니츠의 주장은, 그 자신의 철회에도 불구하고 많은 사람들에게 깊은 인상을 남겼다. 앞서 갈릴레이의 상대성 개념에 근거하자면 서로간의 거리와 방향이 변하는 두 물체에서 둘 중 누가 세상의 중심이어도 상관이 없다고 했는데, 이는 공간 자체가 누구를 중심으로 존재해도 상관없다는 뜻이기도 하다. 그리고 이는 절대적 존재로서의 공간에 대한 부정이기도 하다. 또한 뉴턴은 절대공간을 도입하면서 그 기원에 대해서는 말하지 않았다. 단지 가속운동이 존재하고, 가속의 기준이 요구된다는 '필요성'만을 이야기할 뿐이었다. 뉴턴 역학이 절대공간을 필요로 한다는 것은 누구나 인정하겠지만—그렇지 않으면 가속운동을 정의할 수 없으므로—그런 논리적 필요성으로 절대공간의 존재를 인정하기에는 뭔가 찜찜한 것이다. 뉴턴의 절대공간은 그 존재가 간접적으로 확인되는 것이지 공간 자체를 측정하거나 감지할 수는 없지 않은가.

시간에 대해서도 마찬가지였다. 절대시간은 절대공간처럼 뉴턴 역학이 존재하기 위해 필수적인 장치다. 물체가 가속운동을 한다는 것은 속도가 변한다는 뜻인데 속도가 변하는 기준이 되는 것은 시간이다.(속도=이동거리/시간) 그런데 시간이 흘러가는 속도가 변한다면 어떻게 될까? 어떤 물체의 속도가 변하는지 그렇지 않은지를 판단할 수 없게 된다. 그래서 뉴턴은 시간은 '등속(같은 속도)'으로 움직인다고 선언한 것이다. 하지만 갈릴레이의 상대성 개념에 따르면, 서로 등속으로 움직이는 한 시간이 역행을 한다고 해도 상관이 없다. 비디오를 역재생했을 때처럼 모든 물체가 과거의 운동 방향을 거꾸로 움직인다면, 물리법칙은 달라질 게 없다. 물론 우리가 아는 시간은 절대 역행하는 법이 없지만 역행이 안 될 이유는 없는 것이다. 그리고 시간의 속도 또한 모든 물체에게 동일하게 적용된다면 변한다고 해서 달라질 일이 없다.

라이프니츠의 상대적 시간과 공간에 대한 개념은 이후 여러 과학자들과 철학자들에게 계속 이어지면서 19세기까지 이어졌고, 드디어 에른스트 마흐가 그 개념을 다시 꽃 피우기에 이른다.

에른스트 마흐의 의심

앞서 봤듯 에른스트 마흐는 모든 이론에 대해 비판적이거나 회의적이었으며 오직 실험적 사실만을 신뢰했다. 그는 과학적 법칙이란 것도 그저 사람이 만들어낸 관습 정도에 불과하다며 그 절대성을 부정했다. 그는 뉴턴이 주장했던 절대공간과 절대시간도 비판하고 부정했다. 심지어 물질의 질량조차 물질의 고유한 성질이 아니라 그 물체와 우주의 다른 모든 물체의 연관에서 비롯되는 양이라고 주장한다.

그는 우리가 세상에 대해 가지고 있는 지각과 지식의 총체가 물리적·생리적·심리적 감각요소들의 복합체로 구성된다고 보았다. 마흐에 의하면 색깔·소리·온도·시간·공간만이 아니라 외부에 존재하는 대상이나 물질 등도 전부 감각요소들의 복합체에 불과하다.

경험과 관찰을 강조한 마흐의 철학은 논리실증주의 과학철학을 출범시킨 빈Wien학파에 큰 영향을 주었는데, 빈학파는 초기에 스스로를 '에른스트 마흐 학회'라고 불렀을 정도였다. 그의 이런 주장은 당시 사회학자나 철학자들에게도 커다란 영향을 미쳤다.

그는 예의 뉴턴의 물통 사고실험을 다시 해석했다. 그는 아무것도 없는 공간에 일어나는 일은 우리가 일상에서 관찰하는 것과는 다르다고 생각했다. 뉴턴은 물통만 있고 아무것도 없어도 절대공간이 기준계가 되기 때문에 물통이 돌 때 물 표면이 오목해질 거라고 주장했지만, 마흐는 절대공간을 부정하며 다른 기준계가 없다면 물의 표면은 변하지 않을 것이라고 주장한다. 즉 그에 따르면 회전하는 물통의 물을 오목하게 만드는 건 절대공간이 아니라, 별이나 땅, 물통이 매달린 막대기 등 다른 사물들이 기준계 역할을 해서다. 실제로 아무것도 없는 우주에서는 가속운동과 비가속운동을 구분할 수 없다는 뜻이다.

그는 사고실험을 계속 이어간다. 만약 물통 외에 별이 하나 있다면 이제 기준계가 존재하게 된다. 하지만 기준이 되는 물리량이 극히 적어서 가속운동의 효과가 크게 나타나지 않는다. 별이 하나 더 나타나면 효과는 조금 더 커진다. 별이 많아질수록 그 효과가 점점 더 커지다가 지금의 우주만큼 많은 천체들이 등장하면 비로소 우리가 느끼는 만큼의 효과가 나타난다. 마흐의 논리는 결국 가속운동할 때 물에 나타나는 현상은 우주에 존재하는 모든 천체들의 영향으로 나타난다는 것이다. 좀 더 정확하게 말하자면 우주에 존재하는 모든 물질들의 평균 분포상태에 대하여 상대적인 가속 운동을 해야만 그에 해당하는 힘을 느낄 수 있다.[15] 마치 "무언가를 간절히 원할 때 온 우주는 자네의 소망이 실현되도록 도와준다"라는 코엘료의 『연금술사』에 나오는 문구가 연상되는 주장이다. 이런 마흐의 논리라면 물체들만 존재하면 되지 기준계로서의 공간이나 시간이 실재實在할 이유가 없다.

마흐의 논리는 증명할 수도 실제로 확인할 수도 없는 절대공간과 절대시간에 기대어 운동을 설명해야 하는 상황을 부담스러워하던 많은 과학자들에게 지지를 받았다. 하지만 마흐의 논리도 확인할 방법 또한 없기는 마찬가지였다. 지금의 우주와 다른 우주에서 물통을 회전시켜봐야 증명할 수 있는 것이니, 당시도 지금도 이를 확인할 방법은 없다.

아인슈타인의 시공간

마흐의 시간과 공간에 대한 개념은 학창 시절의 젊은 아인슈타인에게 큰 영향을 미쳤다. 아인슈타인은 일반상대성이론에 대한 논문에서 마흐를 직접 언급했으며, 자서전에서 "마흐의 타협 없는 의심의 정신과 독립심에서 그의 위대함을 보았다"고 그를 높이 평가했다.[16] 아인슈타인은 그 영향에 힘입어 시간과 공간에 대한 기존의 물리적·철학적 생각을 뒤엎을 대장정에 나선다.

시작은 특수상대성이론이었다. 1905년 발표된 아인슈타인의 특수상대성이론은 각기 별개의 물리적 실체 혹은 개념이었던 공간과 시간을 한 묶음으로 만들었다. 이제 시간과 공간은 별개의 존재가 아니라 하나로 합쳐진 시공간space-time이 되었다.

간단한 예를 들어보자. 가령 철수는 남산의 팔각정을 향해 가고 있고 영희는 지하철 종각역 1층 개찰구를 통과하고 있을 때 철수와 영희 사이의 거리를 알기 위해선 세 가지가 필요하다. 동서 방향으로 둘은 얼마나 떨어져 있는가, 남북 방향으로 둘은 얼마나 떨어져 있는가, 그리고 위아래로 둘은 얼마나 떨어져 있는가, 이 세 가지다. 그리고 이 셋을 알기 위해선 3차원상에서 철수와 영희의 좌표를 확인하면 끝이다. 간단하지 않은가?

그런데 아인슈타인에 따르면 그렇지가 않다. 그 둘 사이의 거리는 누가 측정하느냐에 따라 달라지며, 측정하는 사람이 움직이는 속도에 따라서도 달라진다.

왜 이런 변화가 생겼을까? 역학은 기본적으로 거리·시간·질량이라는 가장 기본적인 요소 세 가지 사이의 관계를 이해하는 학문인데, 기존의 고전역학은 이 세 가지가 어떠한 경우에도 변하지 않는다는 전제 아래 성립됐다. 뉴턴이 절대공간과 절대시간을 주장한 이유도 이 때문이었다. 그런데 아인슈타인은 역학의 가장 기본적인 전제가 거리·시간·질량이 아니라 빛의 속도라고 선언한다. 그리고 거리와 시간과 질량을 빛의 속도가 일정하다는 전제 아래 새롭게 정의하는데, 그 과정에서 이 모든 물리량이 물체의 운동 상태에 따라 달라진다는 결론이 나온다. 즉 어떤 우주선이 먼 별을 향해 갈 때 별로 향하는 속도가 빨라지면 빨라질수록 우주선의 질량은 커지고 우주선의 길이는 짧아지며 우주선 내부의 시간은 느리게 간다. 또 우주선과 같은 속도로 움직이는 관찰자와 별과 함께 정지해 있는 관찰자가 보는 장면이 달라진다. 한쪽에서는 동시에 일어난 걸로 보이는 현상이 다른 쪽에서는 시간차를 두고 일어나는 사건으로 관측된다.

그에 따라 이제 두 물체 사이의 거리가 얼마냐를 묻는 질문은 다시금 정의되어야 한다. 예를 들면 이렇다. 남산의 팔각정에 있는 철수와 종각역에 있는 영희가 서로를 향해 다가가고 있을 때 거리는 시간에 따라 달라진다. 기존 고전역학에서는 이때 정각 2시의 거리가 얼마냐라고 물으면 끝이다. 하지만 특수상대성이론에 따르면 둘 사이의 거리가 변할 때, 즉 상대운동을 할 때 둘의 손목시계는 동시에 2시를 가리키지 못한다. 따라서 이 경우에는 둘의 상대속도를 감안해서 이를 측정해야 한다는 것이다.

아인슈타인의 특수상대성이론은 이렇게 이전까지 공고하게 유지되던 뉴턴의 절대공간과 절대시간을 폐기해버린다. 시간과 공간은 이제 두 물체 사이의 상대적 운동에 따라 새롭게 규정된다. 하지만 라이프니츠와 마흐가 뉴턴을 이긴 것 또한 아니다. 아인슈타인이 새로운 시공간에 대한 아이디어를 마흐의 주장으로부터 얻기는 했지만, 마흐는 아인슈타인의 상대성이론이 자신의 주장과 다르다고 판단했으며 그것을 거부한다.[17] 상대성이론은 시간과 공간을 시공간으로 통합하긴 했지만 그 존재 자체는 인정하고 있었기 때문이다. 마흐는 죽을 때까지 시간과 공간이 실재한다는 것을 인정하지 않았다. 하지만 이제 과학자들은 절대시간과 절대공간이란 용어 대신 시공간space-time이란 말을 사용한다.

시공간은 절대적 척도가 아니다

시공간에 대한 인식의 더 큰 변화는 아인슈타인이 특수상대성이론 10년 뒤 발표한 일반상대성이론에서 나타난다. 특수상대성이론이 등속운동을 하는 두 물체 사이의 관계에 대한 이론이라면 일반상대성이론은 두 물체의 속도가 변하는 일반적인 경우에도 성립하는 이론이다. 이 이론이 시간과 공간의 역사에서 가지는 의미는 아주 특별하다. 어찌 보면 시간과 공간에 대한 이해의 역사는 일반상대성이론 이전과 이후로 나눌 수 있을 정도다. 결론부터 말하자면 일반상대성이론은 시공간이 물질-에너지와 상호작용하는 존재라는 걸 보여주었다.

아인슈타인은 가속운동을 하는 물체에게 어떻게 상대성이론을 적용할 수 있을지에 대해 골몰하다 한 가지 힌트를 얻는다. 그것은 물체가 가속할 때 받는 힘과 중력이 물체를 잡아당길 때 받는 힘이 동일하다는 깨달음이다. 만약 당신이 사방이 막힌 커다란 우주선 안에 있다고 가정하자. 어느 순간 당신은 뒤로 당기는 힘을 느낀다. 과연 밖에서 무슨 일이 일어난 것일까? 두 가지 상황을 가정할 수 있다. 하나는 당신의 우주선 뒤로 아주 커다란 질량을 가진 물체가 다가와서 당신이 뒤쪽으로 당겨지는 중력을 느꼈다는 것이다. 또 다른 하나는 당신의 우주선이 우주 공간에 있는데 매초 속도가 빨라지고 있는 경우다. 그런데 당신은 우주선 밖의 상황을 알 수 없기 때문에 두 차이를 파악할 수가 없다. 이 둘의 효과는 완전히 똑같다. 즉 중력과 가속도는 똑같다! 아인슈타인은 이를 '등가원리'라 했다.

이를 염두에 두고서 사고실험을 이어가보자. 가속운동을 하는 우주선 창으로 바깥에서 한 줄기 빛이 들어온다. 그런데 가속운동을 하고 있으므로, 빛이 휘어 보이게 된다. 우리가 일상적으로 경험하는 속도로는 안 되겠지만, 아주 빠르게 가속한다면 그렇게 보일 것이다. 혹은 아주 작은 차이도 감지할 수 있는 기계를 사용하면, 낮은 가속도에서도 미세한 휘어짐을 관찰할 수 있을 것이다. 그런데 가속도와 중력이 완전히 똑같다는 등가원리에 따르면, 중력에 의해서도 빛이 휘어질 것이라는 결론이 나온다. 이것이 문제다. 중력은 끌어당기는 힘이니까 빛을 당기는 것도 당연하다고 생각할지 모른다. 하지만 앞서 봤듯이 빛에는 질량이 없다. 그리고 질량이 없으면 중력도 작용하지 않는다.($F=G\frac{Mm}{r^2}$ 라는 만유인력의 법칙에서 한 쪽의 질량이 0이면 중력도 0이 된다.) 그렇다면 빛은 왜 중력(=가속도)에 의해 휘는 걸까?

여기서 아인슈타인은 중력의 개념을 완전히 뒤바꾼다. 그때까지는 질량을 가진 물체가 서로를 끌어당기는 것이 중력이라고 생각했다. 하지만 아인슈타인은 질량을 가진 물체로 인해 휘어진 시공간이 중력의 정체라고 선언했다. 예컨대 지구상에 존재하는 사물들은 지구의 중력이 끌어당기기 때문에 아래로 떨어지는 것이 아니다. 지구 주변의 시공간이 지구 쪽으로 휘어졌기 때문에 그 휘어진 시공간을 따라 이동하게 되는 것일 뿐이다. 그 때문에 빛도 질량이 있든 없든 휘어져서 움직이는 것이다. 아인슈타인은 이를 다음과 같이 표현했다.

"시공간은 그 안에 존재하는 물체가 어떻게 운동해야 하는지를 결정하고, 그 안에 존재하는 물체의 질량과 에너지는 자신 주변의 시공간이 어떻게 휘어야 하는지를 결정한다." 즉 물체는 주변의 시공간이 휘는 정도(곡률)을 결정하고 시공간의 휘어진 정도가 주변 물체의 궤적을 결정한다는 것이다.

흔히 우리는 블랙홀에 대해 빛조차 빠져나가지 못하는 천체라고 이야기한다. 보통 중력이 빛을 잡아당겨 빠져나가지 못하게 한다고 설명한다. 하지만 정확히 이야기하자면, 블랙홀의 중력이 주변 시공간을 아주 심하게 휘게 하여 그 휘어진 방향으로 움직일 수밖에 없는 모든 물체 및 빛이 빠져나가지 못한다고 해야 맞다. 질량과 에너지가 클수록 시공간의 곡률 또한 커지기 때문에 나타나는 현상의 또 하나의 예는 중력렌즈다. 먼 우주에서 지구를 향해 오던 빛이 중간에 블랙홀 등 질량이 아주 큰 물체 주변을 지나면서 시공간의 곡률에 따라 휘는 현상을 말한다. 때문에 지구에서 먼 천체를 관찰할 때 마치 볼록렌즈로 물체를 볼 때처럼 위치가 왜곡되는 걸 관측할 수 있다.

아인슈타인의 일반상대성이론은 중력을 '끌어당기는 힘'이 아니라, 그 주변 '시공간의 휘어짐'으로 새롭게 규정했다. 때문에 아인슈타인은 빛도 중력에 영향을 받아 휜다고 예측했으며, 그의 예측은 개기일식 때 태양 주위의 빛이 휘어지는 걸 관찰하면서 증명되었다. 시공간은 이제 그 안의 물질 및 에너지와 상호작용하며 변하는 '어떤 것'이 되었다.

또 하나. 일반상대성이론은 공간 자체가 팽창하거나 수축할 수 있다는 사실을 밝혀냈다. 원래 아인슈타인은 일반상대성이론을 발표할 때까지 이 사실을 파악하고 있지 못했다. 다른 이들이 일반상대성이론으로 계산한 결과 우주 내에 존재하는 모든 에너지-질량의 밀도에 따라 우주 공간 자체가 팽창하거나 수축할 수 있다는 사실을 발표하자 아인슈타인은 크게 당황했다. 그래서 일방상대성이론에 우주상수cosmological constant라는 항을 넣어 우주의 팽창과 수축이 불가능하도록 식을 수정했다. 하지만 실제 우주가 팽창하고 있다는 사실이 확인되자 스스로 '일생 최대의 실수'라며 우주상수를 폐기한다.

이 일반상대성이론에 의해 시공간은 이제 객관적인 실체일 뿐 아니라 물체와 상호작용하는 존재가 되었다. 이렇게 되자 이제 더이상 시간과 공간이 개념일 뿐인지 실재하는지에 대한 논쟁은 의미가 사라졌다. 주변의 물질-에너지와 상호작용하는 존재이면서 동시에 그 자체로 수축하거나 팽창할 수 있는 존재이기도 한 공간과 시간을 어떻게 단순히 추상적인 개념일 뿐이라고 이야기할 수 있겠는가?

양자역학의 시공간

20세기 들어 시공간에 대한 또 다른 인식의 지평이 열린 것은 양자역학에 의해서이다. 양자역학은 우리가 가늠을 수 없는 아주 좁은 영역의 시공간을 탐구하는데, 이런 좁은 영역에서는 아주 이상한 일들이 일어나곤 한다. 아무것도 없던 곳에서 물질이 나타나고 또 사라지기도 하는 것이다.

물론 커다란 질량을 가진 물체는 해당되지 않는다. 아주 가벼운 기본입자들만 가능하다. 전자와 양전자가 순식간에 나타났다가 순식간에 사라지고 쿼크와 반쿼크가 동시에 나타났다 사라진다. 이런 현상을 '양자요동'이라고 한다. 상대성이론에선 시공간이 물질과 상호작용을 했다면 양자역학에서는 시공간이 물질을 만들고 소멸하게 한다. 이 과정에서 아무것도 존재하지 않는 진공도 아주 작은 에너지를 가지게 된다. 그리고 이 진공 에너지가 우주의 팽창에 핵심적인 역할을 한다.

우주가 팽창하고 있다는 사실은 모두 알고 있다. 그렇다면 팽창하는 속도는 어떤가? 더 빨라지고 있는가? 아니면 더 느려지고 있는가? 우주의 팽창속도가 점점 빨라진다면 우리 우주는 먼 미래에 사실상 완전한 진공에 가까워질 것이고, 만약 속도가 느려진다면 언젠가 팽창을 멈추고 다시 수축하게 될 것이다. 과학자들은 이를 결정하는 것이 우주에 존재하는 물질들의 질량과 에너지라고 생각했다. 1990년대까지는 적어도 그러했다. 그런데 1990년대 들어 우주의 팽창속도를 측정해보니 과학자들이 우주의 물질-에너지 밀도를 염두에 두고 예상한 결과보다 더 빨랐다. 더구나 우주의 팽창 속도는 점점 더 빨라지고 있다는 결론이었다. 무엇인가 우주의 팽창 속도를 더 빠르게 만드는 요인이 있다고 생각했다.

과학자들은 과거에 아인슈타인이 자신의 실수라며 폐기한 우주상수를 다시 불러와 이를 설명하려 했다. 암흑에너지라 불리는 미지의 에너지가 이 우주상수의 후보인데, 이 암흑에너지는 공간 자체가 가지는 진공 에너지로서 음의 중력을 가질 것으로 여겨진다. 즉 보통의 물질이 서로 끌어당기는 중력을 가진다면 암흑에너지는 서로 밀어내는 중력을 가진다. 이 암흑에너지는 공간의 크기에 비례하니 공간이 팽창할수록 그 크기가 더 커진다.

아무것도 없는 시공간이 암흑에너지를 만들어 이 우주의 팽창 속도를 점점 더 빠르게 하고 있다는 것이 천체물리학자들의 결론이다. 그런데 이 암흑에너지의 값을 계산해봤더니 우리 우주에 있는 물질-에너지 전체의 70% 가까이를 차지한다. 즉 아무것도 존재하지 않는 시공간 자체가 가지는 에너지가 우주 전체 물질-에너지보다 두 배 이상 많은 것이다. 이런 기묘한 결론에 도달해서는 과연 시공간이란 무엇인가가 점점 모호해지기까지 한다.

또한 양자요동은 우리 우주를 현재의 모습으로 만든 원인이기도 하다. 우주가 갓 생겼을 때 곳곳에서 양자요동이 발생했다. 아주 좁은 공간에서 일어난 양자요동이지만 그 안의 에너지-밀도를 조금씩 다르게 만들었다. 그런데 갑자기 아주 빠르게 우주가 기하급수적으로 팽창하는 사건이 일어났다.(이를 인플레이션우주론 혹은 급팽창이론이라 부른다.) 그리고 양자요동에 의해 에너지-질량 밀도가 서로 달랐던 공간이 이제 양자요동이 불가능할 정도로 커졌다.(양자요동은 아주 작은 시공간에서만 가능하다.) 그 결과 우주에는 에너지-질량 밀도가 큰 곳과 작은 곳이 생겨나게 되었다. 밀도가 큰 곳은 중력 또한 커서 주변 물질을 끌어 모았다. 이런 곳에서 별이 생기고 은하가 생겼으며 초은하단이 형성되었다. 그리고 밀도가 낮은 곳은 은하와 은하 사이의 빈 공간, 초은하단 사이의 빈 공간이 되었다. 우리가 아는 우주의 모습, 그리고 별과 다양한 천체가 생겨난 것은 결국 우주 초기 아주 작은 시공간들에서 일어난 양자요동 때문이다.

상대성이론과 양자역학 그리고 빅뱅이론으로 대표되는 현대물리학은 시간과 공간에 대한 인식을 그 근본부터 뒤집어놓았다. 머릿속의 개념, 혹은 우리가 감각하지 못하는 절대적 존재였던 시간과 공간은 이제 우주의 만물과 역동적인 상호작용을 하는, 그리고 그 결과로 우리 우주의 운명의 당당한 한 축을 맡고 있는 실재가 되었다. 하지만 시간과 공간에 대한 인간의 이해는 이제 시작이라고 봐도 과한 이야기가 아니다. 양자역학과 상대성이론은 둘 다 아직 완전한 이론이 아니며 이 둘을 결합하는 새로운 이론이 탄생한다면 우리의 시간과 공간에 대한 이해는 한층 더 깊어질 것이다.

7장
인간 이외의 생물은 의식을 가지는가

인간 의식의 특별함 VS 의식의 보편성

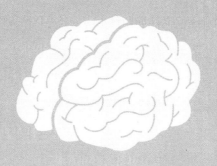

인간 이외의 생물은 의식을 가지는가:
인간 의식의 특별함 VS 의식의 보편성

신화에서 인간은 늘 맨 마지막에 등장한다. 천지가 창조되고 온갖 날짐승이며 뭍짐승들이 만들어지고 난 이후에야 인간은 창조되었다. 혹자는 이를 인간이 세상 만물 중 가장 막내이니 겸손함을 알라는 것이라 이야기했지만, 사실은 무대가 모두 갖추어진 후 출연하는 주인공으로 설정한 셈이다. 신화를 만든 이가 인간이니 스스로를 주인공으로 여기는 것은 어찌 보면 당연한 일이다. 신화만의 일은 아니다. 인간은 항상 스스로를 세상의 주인공이라 여겨 스스로 다른 생물들보다 특별하고 우월하다고 '자각'했다.

하지만 인간은 동물을 살펴보면서 육체로는 스스로가 다른 동물들보다 못하다는 사실 또한 발견한다. 눈은 매나 독수리와 같은 날짐승만 못하고, 후각은 개보다 떨어진다. 다른 감각기관들도 마찬가지다. 뛰기는 사슴이나 말에 떨어지고 이빨은 맹수의 그것과 비교가 되지 않는다. 결국 인간이 동물들보다 뛰어나다면 육체가 아닌 다른 지점이라는 판단에 이른다.

다른 동물과 달리 문명을 일으켰고 아주 복잡한 사회를 구성했으며 언어와 문자를 사용하며 추상적 사고를 할 줄 안다는 점이야말로 인간을 다른 동물로부터 구분 짓는 지점이었다. 인간의 어떤 면이 이런 성과를 올리게 한 것일까? 이런 질문이 문명의 시작부터 이어져왔다. 철학과 과학이 처음 움텄던 고대 그리스에서는 이에 대해 인간만이 영혼을 가지고 있기 때문이라고 답했다.

플라톤에 따르면 인간은 이데아를 인식할 수 있는 영혼을 가지고 태어난다. 이데아는 우주의 본질로, 인간은 영혼의 존재 덕분에 육신의 한계에도 불구하고 이 이데아를 인식할 수 있다. 플라톤의 제자였던 아리스토텔레스도 다르지 않다. 그는 생명의 사다리에서 식물은 영양을 섭취하고 생장할 수 있고 번식을 할 수 있는 '식물의 영혼'을 가진 존재라고 규정한다. 동물은 식물의 영혼을 가지고 있는 것은 물론, 사물을 인식하고 그에 따라 움직이는 '동물의 영혼'을 가지고 있다고 규정한다. 사람은 식물의 영혼과 동물의 영혼 외에 '인간의 영혼'을 따로 가지고 있는데, 이를 통해 이성적 사고를 하고 감정을 느끼며 현상 뒤에 숨어 있는 세상의 본질적 가치와 원리를 파악할 수 있다고 주장했다.

그러나 이에 대해 그 전제에 의문을 가지는 이들 또한 있었다. 즉 인간이 다른 동물과 별반 다르지 않다는 주장을 펼친 이들이다. 고대의 대표적인 유물론자인 데모크리토스다. 그가 주장한 원자론의 핵심은 우연에 있다. 그에 따르면 원자는 모두 운동을 하는데,

그 운동에는 별도의 목적이 없다. 원자의 운동에 따라 이루어지는 다양한 현상 또한 당연히 우연히 일어난 것이고 여기에 신의 계획 따위는 전혀 없다. 그는 심지어 인간의 의식마저도 원자들의 우연한 운동에 의해 일어난다고 봤다. 이 논리를 조금 더 밀고 나가보자. 인간 의식이 우연의 산물이라면, 인간 이외의 존재에서도 의식이 나타날 수 있지 않겠는가? 하지만 데모크리토스와 같은 생각을 하는 이들은 고대 그리스에서 소수에 불과했다. 대다수는 인간만이 동물과는 다른 특별한 영혼이 있으며, 그 영혼의 작용으로 인해 지성 또는 의식을 가진다고 생각했다.

아직 철학과 과학이 분화되지 않았던 고대 그리스에서 이들의 주장은 무엇이 사실인지 확인조차 불가능한 주장이었을 뿐이지만, 인간의 특별함 그리고 이를 뒷받침하는 영혼과 의식에 대한 논쟁은 이렇게 먼 옛날부터 존재했었다.

데카르트의 심신이원론

인간이 다른 동물에 비해 특별한 존재라는 주장은 근대가 시작될 때까지도 변함없이 그리고 별다른 증명 없이 대부분의 사람들에게 받아들여졌다. 그러나 시대가 바뀌었고 사람들은 스스로가 특별한 이유를 과학적으로 증명하길 원했다.[•] 이런 측면에서 최초

● 물론 여기서 과학적이라는 것은 당시의 수준에서이지 현대 과학의 눈높이에 맞춘

로 인간이 여타 동물과 다르다는 주장을 과학적으로 펼친 이는 르네 데카르트라 할 만하다.

근대적 사유를 이끈 핵심 인물인 데카르트는 "나는 생각한다. 고로 존재한다Cogito ergo sum"라고 선언했다. 이 말을 해석해보자면 이렇다. 내가 느낀 것이 허상일지 모른다고 의심할 수 있다. 또 '나'라는 존재가 실재하는지에 대해서도 의심할 수 있다. 어쩌면 나는 유리 통 속에 담긴 뇌일 뿐이며, 내가 느끼는 모든 것은 그 뇌에 전해지는 전기신호에 불과할 수도 있다. 물론 의식에 대해서도 마찬가지로 내가 잘못 생각할 수 있다. 하지만 내가 생각하고 있다는 사실 자체는 부정할 수 없다. 즉 생각하고 있다는 사실 자체가 자신의 존재를 확인시켜준다는 것이다. 그리고 데카르트에 따르면, 이렇게 의식을 통해 자신의 존재를 증명할 수 있는 건 인간뿐이다.

데카르트는 동물은 기계적인 작용으로 인해 움직일 뿐, 의식적으로 움직이지 않는다고 생각했다. 즉 동물의 운동은 행성이 돌고, 바람이 불고, 강이 흐르는 것과 같은 자연현상인 것이다. 다만 동물의 운동은 뼈와 근육, 뇌와 신경의 작용에 의해서 일어나기 때문에, 즉 소재가 무생물과는 다르기 때문에 특별하게 보이는 것뿐이다. 하지만 동물은 오로지 물질로 이루어져 있다는 점에서 무생물들과 다를 바가 없다.

것은 아니다. 과학 자체가 변화 발전하는 일종의 과정이라 했을 때 우리가 어떤 주장이 과학적이라 할 때의 기준은 항상 그 시대에 맞춰져야 한다.

하지만 인간은 좀 다르다. 인간도 그 육체의 구성은 다른 동물과 크게 다를 바가 없다. 그러나 인간은 다른 동물과 달리 영혼을 가지고 있다. 영혼은 물질이 아니며 사고를 할 수 있다. 영혼이 있어야만 의식을 가지고 이성적 사고를 할 수 있으며, 세계의 다른 존재와 상호작용을 통해 감정을 느낄 수 있다. 그리고 이 영혼은 온 우주에서 인간만이 가진 고유한 특징이다. 동물이 인간과 비슷한 감정을 느끼는 것처럼 보이지만 실제로는 전혀 그렇지 않다. 개가 슬픈 표정을 짓는 것은 기계적 과정의 결과이지 결코 인간처럼 감정을 느껴서 그런 게 아니라고 데카르트는 주장한다. 감정도 영혼의 영역이기 때문이다. 데카르트에 따르면 인간만이 스스로 회의할 수 있는 존재이고, 의식하는 존재이며, 감정을 가진 존재다. 그에게 있어 영혼과 마음과 의식은 동의어라 볼 수 있다.

이런 주장을 심신이원론心身二元論, Mind-body Dualism이라고 하는데 그 대상은 오로지 인간뿐이었다. 하지만 당연히 의심이 든다. 마음(또는 영혼)과 몸(또는 물질)이 대체 어떻게 연결되는가? 데카르트가 심신이원론을 주장할 당시에도 이런 의문이 끊임없이 제기되고 있었다. 인간의 몸에서 물질과 영혼 혹은 의식이 서로 연결되는 방식이 명확하지 않은 것이다. 데카르트는 뇌의 가운데에 위치한 송과선松果腺•이 영혼이 깃드는 장소라고 말했지만, 그걸 증명할 길은

● 오늘날 송과선(솔방울샘)은 수면 패턴에 관여하는 호르몬인 멜라토닌을 생성하는 기관이라는 것이 밝혀졌다. 데카르트가 송과선을 영혼이 깃드는 특별한 장소로 생각한 까닭은 당시에는 송과선이 어떤 기능을 하는지 알지 못했고, 좌뇌와 우뇌로 나뉜

데카르트는 뇌 정가운데에 있는 송과선이 육체와 정신이 이어지는 장소라고 생각했다.(그림의 머리 가운데 있는 것이 송과선이다.) '제3의 눈' 운운하는 신비주의 개념도 여기서 비롯됐다.

당연히 없었다.

또한 물질적인 사건이 비물질인 영혼 및 의식에 의해 영향을 받는다면 과연 과학이 성립할 수 있는가 하는 비판도 있었다. 마치 물질세계에 신이 개입해서 영향을 준다는 것과 별반 다를 바 없는 이야기라는 것이다. 이런 비판을 하는 이들은 심신일원론心身一元論, Mind-body Monism을 주장했다. 간단히 말하자면 인간의 의식 또한 육체에 의해서 생성된다는 주장이었다. 또한 인간만이 영혼을 가지며 동물은 영혼을 가지고 있지 않다는 데카르트의 주장에 대해서도 의문을 제기하는 사람들이 있었다. 여기에 또 한 가지 질문이 더해진다. 데카르트는 자신이 인간이니 스스로 의식을 가지고 있다는 사실을 자각함으로써 다른 인간도 의식을 가진다는 걸 알 순 있겠지만, 다른 동물이 의식 혹은 영혼이 없다는 사실은 어떻게 증명할 수 있을까?

그러나 이런 의문들이 제기되기는 했지만, 인간이 다른 동물에

뇌 구조에서 유일하게 정가운데에 위치해 있다는 해부학적 특성 때문이었다.

비해 특별하다는 기존 관념에 덧붙여진 데카르트의 심신이원론 자체는 사람들에게 광범위하게 받아들여졌다.

다윈, 의식도 우리 몸처럼 진화했다

하지만 19세기 이후 생물학이 발달하면서, 송과선이 아니라 인간의 육체 그 어디에도 영혼이 깃들어 있다는 주장은 더 이상 과학적이지 않게 되었다. 심신이원론은 과학으로서는 그 자리를 잃은 것이다.

여기에 진화론이 등장했다. 진화론으로 보자면 인간 역시 다른 영장류와 함께 고대의 조상으로부터 진화한 존재다. 그렇다면 이제 의식이 언제부터 생성되었는지가 문제가 된다. 다윈은 진화가 아주 작은 변이들을 통해 오랜 시간 점진적으로 이루어졌다고 이야기한다. 다윈의 관점에서 급변하는 진화는 없었다. 그렇다면 인간의 의식도 마찬가지일 것이다.

다윈은 자신의 책 『인간의 유래』에서 다음과 같이 말한다. "우리는 또한 칠성장어나 창고기 같은 하등 어류와 고등 유인원이 보이는 정신 능력의 차이가 유인원과 인간이 보이는 정신 능력의 차이보다 훨씬 더 크다는 것을 인정해야만 한다. 게다가 이 간격은 수없이 많은 단계적 변화로 채워져 있다." 다윈으로부터 시작된 이러한 관점을 '점진주의gradualism'라고 한다. 이에 따르면, 인간의 의식은 다른 신체구조처럼 점진적으로 발전한 것일 뿐 본질적으로 특별할 것이 없다는 이야기다. 영혼의 존재가 과학에서 공식적으로 사라진다는 것은 이를 의미한다.

그리고 호모 에렉투스, 호모 하빌리스, 오스트랄로피테쿠스 등 인간의 조상들이 속속들이 발견되면서 이런 입장은 힘을 받았다. 이들은 처음에는 직립보행을 하고, 그 다음 덩치가 커지고, 불을 사용하는 등 점진적으로 진화하는 모습을 보였다. 가령 흔히 구석기 시대라 불리는 시기의 주역은 호모 에렉투스다. 이들은 불을 사용했으며, 의복을 입었고, 주거지를 만들었다. 또한 석기를 사용했으며 음식을 익혀먹었다. 죽은 이를 위한 특별한 의식을 치른 흔적도 있고, 쇠약해진 구성원을 돌보았던 흔적도 있다. 또한 헤엄이나 통나무 정도를 타고는 갈 수 없을 정도로 먼 바다를 건넌 흔적도 나타나는데 이는 최소한 몇 달에 걸친 계획을 세워야만 가능한 일이기도 하다. 더구나 이들은 초기 호모 사피엔스와 짝짓기도 가능했을 것으로 보인다. 그렇다면 이들은 인간처럼 의식을 가진 존재로 봐야 하지 않을까?

이렇듯 인류의 계보를 쫓아가다보면 현생인류와는 다르지만, 그렇다고 의식을 가지지 않다고 주장할 수는 없는 고인류의 흔적들이 보인다. 호모 에렉투스 이전의 고인류인 호모 하빌리스, 그리고 그 이전의 오스트랄로피테쿠스들도 최소한 아주 기본적 가공을 한 거친 석기를 이용했다는 증거가 있다. 처음에는 그저 주변에 널린 돌멩이나 나무 막대 혹은 동물의 뼈를 별다른 가공 없이 그냥 이용했지만, 시간이 지나자 돌과 돌을 부딪쳐 깨뜨린 것을 이용했고, 더 시간이 지나자 돌을 갈아서 사용했다. 몇백만 년에 걸쳐 사용하는 도구가 조금씩 발전했고 도구를 만드는 방법도 조금씩 나아졌다.

점진주의에 따르자면, 현재의 인간과 완전히 같은 단계는 아닐지라도 인간으로의 진화 과정에서 호모 에렉투스도 호모 하빌리스도 오스트랄로피테쿠스도 조금씩 다른 의식의 편린을 보였다고 할 수 있다. 즉 오스트랄로피테쿠스에서 현대의 호모 사피엔스에 이르기까지 의식은 일종의 양적 차이가 존재할 뿐이라 할 수 있다. 게다가 그런 유추를 오스트랄로피테쿠스에서 멈출 이유는 없다. 침팬지 및 고릴라와 사람의 공통 조상 사이에도 의식은 양적으로만 차이 나는 게 아닐까 하는 연역적 확장도 가능하다. 더 나아가 그 이전의 조상들, 즉 다윈이 말한 "칠성장어나 창고기 같은 하등 어류"나 심지어 그 이상의 초기 생물으로부터 의식이 점진적으로 발전해왔다고 말할 수도 있다.

인간의 의식은 어디서 출현하는가

하지만 많은 이들이 인간의 특별함, 그리고 이를 대변하는 의식의 특별함을 포기하고 싶지 않아 한 것도 어찌 보면 아주 당연한 일이다. 과학자, 특히 생물학자나 인류학자들도 그러했다. 그리고 사실 다른 동물과 인간의 정신적 능력 사이에는 확연한 차이가 있어 보였다. 인간 의식은 뭔가 특별한 것 같기도 했다. 그래서 심신이원론에 기초하지 않지만 인간만이 가지고 있는 의식의 특별함에 대한 주장이 새롭게 떠올랐다.

꽤 많은 인류학자·행동학자·심리학자들이 자기반성, 구문과 문법을 갖춘 언어, 마음의 이론, 종교, 도덕성, 과학, 예술 등은 다른 동물에게서 발견되지 않는 인간만의 특성이라고 이야기한다. 그리고 그 능력, 즉 의식으로 가는 예비 단계가 발견되지 않는다고 주장한다. 결국 인간 의식의 진화에는 '도약'이 있었다는 뜻이다. 이 도약이 인간과 인간 이외의 동물을 구분한다고 그들은 주장한다. 이들은 이원론과 일원론의 일종의 절충인 창발emergence을 내세운다.

영국 철학자 브로드C. D. Broad가 자신의 책 『마음과 자연에 있는 마음의 자리The mind and its place in nature』에서 강한 창발을 주장하며 이런 창발이 일어나면, 전체 시스템의 속성을 그 성분들의 속성으로는 결코 설명할 수 없다고 주장한다. 뒤를 이어 영국의 대표적 과학철학자 칼 레이먼드 포퍼Sir Karl Raimund Popper는 마음의 기원은 자연에 있다고 인정하면서 동시에 인간의 뇌가 진화하는 동안 마음을 구성하는 속성들이 새로워지면서 물질세계를 초월했다고 주장한다. 따라서 이 속성들은 물리적 법칙으로 환원할 수 없고 설명할 수도 없다고 말한다. 오스트리아의 생물학자이자 동물행동학과 비교행동학의 창시자로 꼽히는 콘라드 로렌츠Konrad Zacharias Lorenz는 인간이 진화하면서 마음이 그렇게 도약한 것을 가리켜 '섬광fulguration'이라고 표현했다. 미국의 인류학자이자 신경생물학자인

테렌스 디콘Terrence Deacon 또한 생명과 마음이 물질, 더 정확하게는 인간의 육체로부터 기원했지만 육체만으로는 그 속성을 다 이해할 수 없다며 강한 창발을 주장했다.[18]

그러나 이들이 답해야 하는 질문이 있다. 먼저 인간이 다른 영장류로부터 진화했지만 다른 영장류는 의식을 가지지 못하고 인간만이 의식을 가진 존재라고 한다면, 진화의 어떤 단계에서 의식이 생겼는지, 그리고 의식이 생긴 이유가 무엇인지에 대해 답할 수 있어야 한다. 인간의 진화를 보면 처음 오스트랄로피테쿠스에서 시작해서 호모 하빌리스를 거쳐 호모 에렉투스 그리고 호모 사피엔스의 순서대로 진화가 이루어졌는데, 그중 어느 단계에서 의식이 발생했는지 그리고 의식이 발생한 이유는 무엇인지를 규명해야 하는 것이다.

두번째로 의식이 존재하는 장소가 뇌라면, 인간처럼 뇌를 가진 다른 동물들이 의식을 가지지 못하는 이유가 무엇인지에 대해 답할 수 있어야 한다. 혹자는 인간의 뇌가 다른 동물보다 큰 것이 이유라고 하지만 인간보다 뇌의 질량이나 부피가 큰 동물은 많다. 결국 인간 이외의 동물도 최소한 대뇌가 발달한 경우 의식을 가질 수 있다는 주장이 가능하다.

사실 그래서 인간 의식의 특별함을 믿는 사람들은 여러 근거를 들어 인간 뇌의 특별함을 증명하고자 했다. 먼저 대표적으로 내세우는 것이 인간 뇌의 '상대적' 크기다. 절대적 크기로 보면 인간의 뇌는 고래나 여타 덩치 큰 동물보다 작다. 고래의 뇌는 8kg이고 코끼리의 뇌는 4~5*kg*인데 인간의 뇌는 약 1.5*kg*일 뿐이다. 그러나 전체 체중에 대비한 뇌의 크기는 인간이 이런 동물들보다 크다. 고래와 코끼리는 전체 체중에서 뇌가 차지하는 비율이 약 1/2000인데 반해 인간은 1/40이나 된다. 하지만 이 주장도 쉽게 반론에 부딪힌다. 인간보다 체중 대비 뇌의 비율이 더 높은 동물들도 많았던 것이다. 예컨대 쥐는 1/30 정도이고 나무두더지는 1/10, 개미는 1/7이다. 뇌가 체중에서 차지하는 비중은 덩치가 작은 동물일수록 높고 덩치가 큰 동물일수록 낮은 것일 뿐, 인간의 경우가 특별하게 높은 건 아니었다.

그래서 대뇌화 지수EQ, encephalization quotient라는 방법이 나왔다. 꽤나 까다로운 방식인데, 대략 이야기하자면 체중이 클수록 뇌가 차지하는 비중이 줄어드는 걸 감안한 수치이다. 인간은 이 지수가 7.44이며 돌고래는 5.31, 침팬지는 2.49이다. 코끼리는 1.87, 쥐는 0.4이다. 인간 정도의 체중을 가진 동물 중에선 인간의 뇌가 가장 크다는 뜻이다. 그러나 불행하게도 이것도 인간만이 의식을 가지고 있다는 증거는 되질 않는다. 고릴라는 EQ가 꼬리감기원숭이나 돌고래보다 낮지만 실제 실험에서는 더 영리한 것으로 나타난다. 그리고 EQ가 가장 높은 것이 인간이라고 하더라도 이는 단지 양적 차이일 뿐이며, 그 양적 차이도 압도적이지 않다. 아주 긍정적으로 생각해봐도 인간이 다른 동물보다 더 똑똑할 가능성이 있다는 증거 정도일 뿐이다.

비인간인격체로 확장된 의식

그러한 대립의 와중에 인간이 가진 의식의 고유한 특징이라 믿어왔던 것들을 동물들에게서도 확인할 수 있다는 주장이 속속들이 제기되었다. 특히나 동물학자들 가운데는, 영장류나 고래들의 각종 행동과 서로간의 상호작용을 관찰하면서 이들이 인간과 유사한 의식을 가지고 있다는 강한 믿음이 생기기도 했다. 그 연장선상에서 1970년 고든 갤럽Gordon Gallup Jr.이라는 심리학자가 역사적인 실험을 한다. 그는 먼저 침팬지 네 마리가 사는 우리에 거울을 설치하고 침팬지들이 익숙해지기를 기다렸다. 침팬지들은 처음에는 거울 속의 동물이 자기와 다른 동물인 줄 알고 경계하며 위협을 가했다. 그러나 곧 거울에 비친 실체가 자신임을 알아차렸다. 거울을 보고 이빨에 낀 찌꺼기를 살피기도 하고 머리도 다듬었다. 그 뒤 고든 갤럽은 침팬지들을 마취시킨 후 얼굴 한쪽 구석에 빨간색 표시를 하고 그들의 행동을 관찰한다. 침팬지들은 마취에서 깬 뒤 거울을 보고는 자신의 얼굴에 나타난 빨간 점을 만지고 그 손가락을 코에 갖다 대고 냄새를 맡았다. 이전에 거울로 볼 때와 다른 색이라는 걸 알아차린 것이다.

이 실험은 먼저 침팬지들이 거울 속에 비친 모습이 바로 자신이라는 걸 인식한다는 점을 보여준다. 그리고 침팬지들이 거울 속의 빨간 점은 실제 자신의 얼굴에 나타난 것임을 이해한다는 사실도 보여준다. 이후 동일한 실험이 다른 생물들을 대상으로도 행해진

자기인식은 의식의 존재 여부를 보여주는 중요한 증거로 여겨지는데, 영장류와 고래류는 물론 일부 조류도 거울에 비친 자신을 인식한다는 것이 알려지면서 동물의 의식 수준을 다시 생각 해보게 했다.

다. 오랑우탄이 통과를 했고, 고릴라의 경우 인간과 오랜 시간을 지 낸 고릴라들은 통과했지만 야생의 고릴라들은 대부분 통과하지 못 했다. 범고래와 큰돌고래는 통과를 했지만 나머지 고래들은 대부 분은 통과하지 못했다. 새들 중에서는 유럽까치가 유일하게 통과 한다.

이 거울 테스트는 자기 자신을 인식할 수 있는가(자기인식self-awareness)에 대한 중요한 지표로 작용한다. 물론 이 테스트를 통과 하지 못한 동물들이 자기 자신을 인식할 수 없는지에 대해서 아직 많은 학자들이 논쟁중이다. 이 실험 자체가 가지는 여러 가지 한계 가 있기 때문이다. 그리고 이 테스트를 통과했다고 여겨지는 동물 중 일부의 경우엔 실험 설계 및 과정에서 문제가 있었다는 주장도 있다. 그러나 이 실험을 통해 우리는 최소한 동물 중 일부는 인간처럼 자아 인식을 한다는 사실을 알게 되었다.

이후 1990년대 환경철학자 토머스 화이트Thomas White와 해양포유류학자 로리 마리노Lori Marino, 인지심리학자 다이애나 리스Diana Reiss 등이 비인간인격체Non Human Person라는 개념을 제시한다. 앞서의 거울 실험을 통과한 동물들은 명백히 자신을 타인과 분리해서 인식할 수 있다. 그리고 일정한 의도를 가지고 행위를 하며, 새로운 도구나 행동양식을 창조하고, 상징적 의사소통도 한다. 즉 인격personhood을 가지고 있다고 볼 수 있다. 이런 동물들을 인간은 아니지만 인격을 가진 존재라는 의미에서 비인간인격체라고 규정한 것이다.[19]

인간의 수화를 배워 소통했던 오랑우탄 찬텍과 같이 살며 연구했던 린 마일스가 『한겨레』 기자와의 인터뷰에서 찬텍을 비인간인격체라고 볼 수 있는지를 묻는 질문에 한 대답을 보자.

의심할 여지가 없어요. 사실 내가 '네가 누구냐'고 물어보자, 찬텍은 '오랑우탄 사람Orangutan Person'이라고 말했어요. 찬텍은 수백 가지 수화를 했고, 감정을 표현했으며, 좋아하는 색깔을 선택했고, 조약돌로 비트를 맞췄고(나는 록 음악이라고 했죠), 내가 아는 한 액세서리를 만드는 유일한 동물이었어요. 문제를 해결하고, 자물쇠를 따고, 햄버거를 달라고 했어요. 오랑우탄과 대형 영장류에 대한 연구는 그들에게 복잡한 문화적 존재라는 사실을 알려주었습니다. 일부 동물권운동의 전략과는 좀 다를 수도 있지만, 나는 영장류에 대한 생화학 실험 폐지에 동의하면서도 다른 종에 대한 최소한의 동물실험에는 어쩔 수 없다고 생각합니다. 현재 감금 상태에 있는 유인원의 경우 단순히 전화번호부를 찢게 하고 건초 더미에서 건포도를 찾게 하는 동물행동 풍부화뿐만 아니라 문화적 기반의 환경을 만들어줘야 한다고 생각합니다. 이들은 지능이 매우 높고 그들의 형제보다 대우받을 가치가 있어요![20]

영장류를 연구하는 동물행동학자들은 이와 같이 거울 실험이나 수화 학습 등의 다양한 방법을 통해 이들이 인간은 아니지만 자의식을 가진 존재로서 인격적 대우를 받아야 한다고 주장한다. 이에 대해 다른 분야의 생물학자들 또한 이들이 의식을 가지고 있다는 것에 대해 부정하지 않고 있다.

하지만 일각에선 영장류를 중심으로 한 비인간인격체 개념이 고등동물에서 '종적 위계'를 전제한 인간중심주의라고 비판하기도 한다. 즉 해파리나 말미잘에서 인간까지 위계를 정하고 그 위계의 상위에 해당하는 동물만을 비인간인격체라고 주장하는 것은 여전히 인간을 중심에 놓고 그와 유사한 부류만 의식을 가진 존재로 인정하는 한계를 지니고 있다는 것이다. 실제로 의심 없이 거울 실험을 통과한 동물은 대부분 호미니드(사람과family)에 포함된 종들이다. 그렇다면 과연 그 외의 다른 동물들은 의식이 없는 걸까?

영장류에서 동물 일반으로

2012년 7월 라호이야 신경과학연구소의 데이비드 에델만David Edelman, 스탠퍼드대학의 필립 로우Philip Low, 캘리포니아공과대학의 크리스토프 코흐Christof Koch 등의 과학자들이 중심이 되어 케임브리지대학에서 의식의 신경생물학적 기질을 재평가하면서 「의식에 관한 케임브리지 선언the Cambridge Declaration on Consciousness」을 발표했다. 그 핵심적인 내용을 보자.

신피질의 부재는 정서적인 상태를 경험하는 유기체의 활동을 방해하는 것으로 보이지 않는다. 수집된 증거들은 인간이 아닌 동물들이 의도적인 행동을 보이는 능력과 함께하는 의식 상태의 신경해부학적, 신경화학적 그리고 신경생리학적 기질을 가지고 있다는 것을 보여준다. 따라서 증거의 무게는 인간이 의식을 발생시키는 신경 기질을 소유하는 유일한 존재가 아님을 보여준다. 모든 포유류와 조류, 그리고 문어를 포함하는 다른 많은 비인간 동물들이 이런 신경 기질을 보유하고 있다.[21]

간단히 말하자면 인간 이외의 다른 동물, 특히 포유류나 조류 등은 의식의 기반이 될 수 있는 신경 기질을 보유하니, 따라서 의식을 가진다고 봐야 한다는 뜻이다. 즉 의식의 존재를 영장류만이 아니라 포유류와 조류 일반에게까지 확장한 것이다. 영장류를 중심으로 한 비인간인격체 이론이 동물행동학자들의 연구를 중심으로 나왔다면 케임브리지 선언은 뇌과학자들의 연구를 토대로 나왔다는 차이가 있다. 특히 주목할 부분은 "신피질의 부재가 정서적인 상태를 경험하는 유기체의 활동을 방해하는 것으로 보이지 않는다"고 한 지점이다.

과학자들은 그동안 의식을 발달시키는 뇌의 부위가 신피질neocortex일 것이라 생각해왔다. 인간이 여타 동물과 다른 점 중 하나가 뇌 중 대뇌가 유달리 크다는 것이다. 인간을 포함한 포유류는 대뇌가 다른 동물보다 더 크고 잘 발달해 있으며, 특히 대뇌피질은 포유류에서만 발견된다. 게다가 인간은 대뇌피질의 90% 정도가 신피질이며, 고인류로부터 진화 과정에서 꾸준히 신피질 영역이 확대되었다. 이에 기초하여 의식은 신피질에서 발달한다는 가설이 제안되었던 것이다.

그래서 대뇌피질을 제외한 대뇌의 나머지 영역은 본능적인 부분을 담당한다고 여겨졌으며, 이에 따라 포유류가 아닌 육상척추동물인 파충류나 양서류 그리고 조류에서는 의식이 발달할 수 없다고 생각했다. 예컨대 미국 와이오밍대학의 제임스 로즈James Rose는 척추동물 중에서도 신피질이 없는 동물들, 그중에서도 특히 물고기는 의식이 없다고 주장했다. 또한 신경해부학자들 중 일부는 영장류만이 엄밀한 의미의 전전두피질prefrontal cortex을 가지고 있는데, 이 부분이 감정의 조절, 계획의 설계 및 의사결정을 포함하는 고차원의 인지 기능을 담당한다고 주장한다. 의식을 인간만이 독점할 순 없지만 최소한 신피질이 발견되는 포유류와 그중에서도 신피질의 발달이 확연히 보이는 인간을 중심으로 한 영장류만이 의식을 가질 수 있다고 여긴 것이다.

그러나 조류에게는 신피질이 없음에도 불구하고, 자기인식과 같은 인지 능력이 있음이 앞서의 거울 실험을 통해 확인되었다.[22] 이후 다른 실험에서도 조류가 도구를 제작하고 먹이를 숨겨두는 등 고도의 정신활동을 한다는 사실이 밝혀지면서, 신피질이 의식의 필요조건이 아니라는 점이 널리 인정받게 된다. 또한 비슷한 방식으로 거북과 같은 파충류에서도 1차 감각피질이 확인되었다. 그런 발전된 연구 결과가 케임브리지 선언에 담긴 것이다.

케임브리지 선언에서 더욱 주목할 부분은 "문어를 포함하는" 생물들이 의식을 생성하는 신경학적 기질을 가지고 있다고 한 대목이다. 한껏 양보해서 대뇌를 가진 척추동물 전반으로 의식의 존재를 넓혀나갈 수 있다고 인정해도 척추동물이 아닌 다른 동물에게도 의식이 있느냐에 대해서는 전문가들 대부분이 부정적이었다. 이 전문가들은 의식이 생겨날 수 있는 장소는 대뇌밖에 없다고 생각했다.

인간의 뇌는 대뇌·소뇌·중뇌·간뇌·연수의 다섯 부분으로 이루어져 있는데, 소뇌는 대뇌의 명령을 받아 근육을 조절하는 역할과 균형감각을 유지하는 역할을 한다. 중뇌는 눈과 관련된 근육을 움직이는 것이 주된 역할이고, 간뇌와 연수는 신경과 호르몬을 통해 신체의 항상성을 유지하는 것이 임무다. 즉 대뇌를 제외한 나머지 영역은 모두 각기 역할이 정확히 부여되어 있어 의식을 발생시키기에 부적절하다. 대뇌의 경우도 많은 전문가들은 신피질 영역이 의식의 거처라고 생각했으며, 따라서 이 부분이 발달한 인간만이 의식을 가졌다고 여겼다. 포유류나 기타 척추동물의 경우, 인간만큼은 아니지만 대뇌가 존재하므로 학습을 통해 약간의 의식을 가질 수 있다는 것까지는 인정할 수 있지만, 대뇌가 아주 작거나 없는 경우는 의식이 존재할 수 없다고 생각한 것이다.

문어는 조개·전복 등과 함께 두족류에 속한다. 인간이 속한 척추동물과는 완전히 계통이 다른 동물이다. 뇌와 신경의 구조도 완전히 다르다. 인간의 뇌가 네 개의 엽(엽이란 신체기관에서 현미경의 도움 없이 구분할 수 있는 부위를 말한다)으로 구분되는데, 문어의 엽은 50~70개다. 또한 신경의 절반 이상이 여덟 개의 다리에 분산되어 있다. 이렇게 신경체계가 분산돼 있기 때문에 통일된 의식을 가지고 행동할 수 없을 것이란 게 일반적인 판단이었다.

그러나 동물행동학자들이 두족류를 연구한 결과는 엄청났다. 실험 결과 문어는 밀거나 당기는 동작이 필요한 복잡한 퍼즐을 풀 수 있었고, 상자의 걸쇠를 열어 그 속에 담긴 먹이를 먹었다. 일정한 퍼즐에 대한 해결방법을 기억하고 있다가 구성이 바뀐 비슷한 퍼즐을 해결하는 일도 가능했다.[23] 또한 문어는 코코넛 껍질을 모으고 옮긴 후 다시 조립하는 모습까지 보인다. 그와 함께 수족관의 문어는 병이나 장난감을 이용해 놀이를 하기도 한다.[24]

한편 독일의 신경생리학자 마르틴 하머Martin Hammer와 란돌프

멘젤Randolf Menzel은 보상을 이용하여 꿀벌을 학습시킬 수 있다는 것도 입증했다. 예컨대 꿀벌이 장소와 조건에 따라 다른 종류의 행동을 하도록 맥락 학습을 시킬 수 있고, 모양이 다른 대상을 일정한 범주—타원형이나 사각형, 대칭이나 비대칭—로 묶는 식의 범주 학습도 가능하다는 것을 확인한다. 특히 꿀이 풍부한 꽃이 있는 장소를 춤을 통해 동료에게 알려줄 수 있으며 꿀이 아닌 물이 있는 장소에 대한 정보를 주기도 한다.[25]

인간만이 가지는 특별한 의식이란 게 있을까

동물이 의식을 가지고 있다는 것에 대해 여전히 회의적인 사람들이 없는 것은 아니다. DNA의 이중나선 구조를 밝힌 것으로 유명한 영국의 생물학자 프랜시스 크릭Francis Crick은 자신의 저서 『놀라운 가설The Astonishing Hypothesis』에서 "동물을 이상화하는 것은 감상적이며, 붙잡힌 많은 짐승들의 삶은 야생에서보다 낫고, 오래 살며, 덜 야만적이다"라고 쓰며, 동물에게 의식이 있고 따라서 권리도 있다면서 이들을 잡아 가두어 기르는 동물원 등에 대해 반대하는 주장은 타당하지 않다고 이야기했다. 옥스퍼드대학의 동물행동학자 마리안 스탬프 도킨스Marian Stamp Dawkins는 자신의 책 『왜 동물이 중요한가Why Animals Matter』에서 "여전히 우리는 다른 동물에게 의식이 있는지 정말로 모르고 있으며 이에 관해 회의적이며 불가지론적이어야 한다"고 주장한다. 그러나 전반적으로 포유류와 조류 정도에 대해서는 폭넓게 의식이 존재한다고 인정되고 있으며, 일부 파충류·양서류·어류 등의 척추동물과 문어·꿀벌 등의 무척추동물에 대해서도 점차 의식의 존재를 인정하는 방향으로 나아가고 있다.

인간이 특별하다는 전제 아래 그 특별함이 무엇인지를 파악해 가고자 하는 진영과 인간이 정말 특별한지에 대해 의문을 가지는 진영 사이의 논쟁은 끝나지 않았다. 하지만 그 논쟁의 굵은 줄기를 바라보면 하나의 경향을 살펴볼 수 있다.

처음에는 인간만이 영혼이 있어 의식을 가지며 그 영혼은 물질적인 것이 아니라는 주장과, 인간의 의식은 육체의 산물이라는 주장이 대립되었다. 하지만 생물학과 해부학 등의 발전으로 최소한 과학의 영역에서 영혼이 들어설 자리는 사라졌다. 그 대신 인간으로의 진화 과정에서 어떤 특정한 지점을 지나면서 여타 동물과 다른, 그리고 다시 육체에 귀속되지 않는 의식이 발생했다는 주장이 나타났고, 이에 대해 과연 인간만 의식을 가지는지 그리고 그 의식이 어떤 창발을 통해서 탄생했는지에 대한 의문이 제기되었다.

영장류에 대한 동물행동연구와 인간의 뇌에 대한 연구 과정에서 최소한 침팬지 등의 유인원과 일부 포유류는 자의식을 가진다는 사실이 확인되면서 인간만의 의식을 가진다는 주장은 한발 물러서고, 대신 인간과 비슷한 대뇌가 발달한 영장류로 의식의 존재가 확장되었다. 나아가 이제는 다른 포유류나 문어 및 꿀벌과 같은 동물에 대한 연구를 통해 다시 의식을 영장류만이 독점하지 않는다는 주장이 힘을 얻고 있다.

그리고 이제 마치 눈이 척추동물·절지동물·연체동물에서 각각 독립적으로 진화했듯이, 의식 또한 오직 한 가지 경로—인간으로의 진화—에서만 발생한 것이 아니라 여러 번 독립적으로 구현되었다는 주장이 힘을 얻고 있다. 문어는 연체동물의 내부구조에서 가능한 최선의 방법으로, 꿀벌은 절지동물의 내부구조에서 가능한 방법으로, 까치는 조류의 한계 안에서, 그리고 인간과 영장류는 영장류의 한계 안에서 각기 독립적으로 의식을 발전시켰다는 것이다.

또한 의식의 발전은 생물들이 자신이 속한 생태계 내에서 행한 여러 적응의 한 종류일 뿐 그 자체가 특별한 것이 아니라는 사실 또한 알게 되었다. 어떤 동물은 고착 생활을 하면서 일부러 뇌와 신경의 비율을 줄인다.(멍게가 그런 예로 유충일 때는 스스로 먹이를 구해야 해서 뇌가 있지만, 성체가 되어 바닷물 속의 플랑크톤을 걸러 먹게 되면 뇌를 없애버린다.) 초식 생활을 하는 동물도 마찬가지로 뇌와 신경의 비율을 줄인다. 반면 사냥을 하고 집단생활을 하면 뇌와 신경의 비율은 늘어난다. 그렇다면 두 방향 모두 진화이지 어느 방향은 퇴화고 어느 방향은 진보라고 주장할 수 있을까.

물론 인간은 의식의 모든 부분에서 다른 동물을 능가한다. 학습과 기억 형성에서도 그러하고, 추상적 사고, 범주화, 거울 자기인식, 공감, 마음의 이론, 상위 인지, 친사회적 행동, 특히 중장기 활동을 계획하고 구문-문법 언어를 구사하는 능력 모두에서 그러하다. 다른 동물들은 이 모든 영역에서 인간만큼의 성취를 얻지 못하고 있으며, 각 세부 영역별로도 인간과 비슷한 정도의 성취를 얻지 못한다.

　그러나 이 모든 영역에서 인간과 다른 동물의 차이는 '양적 차이'에 불과하다. 침팬지의 의식 정도는 개구리와 인간 중 굳이 비교하자면 인간에 더 가깝다는 건 바로 이런 양적 차이를 전제로 이야기하는 것이다. 비유적 의미로서의 영혼이 아닌, 과학적 연구의 결과로서의 영혼은 존재하지 않는 것처럼 다른 동물과 구별되는 인간만이 가지는 유일무이한 능력은 없다는 것이 이제까지의 겸손한 결론이다.

8장

대멸종의 원인은 무엇인가

지구 내적 원인 VS 천문학적 원인

대멸종의 원인은 무엇인가:
지구 내적 원인 VS 천문학적 원인

지구의 탄생부터 5억8000만 년 전까지를 은생隱生이언$_{eon}$* 그 뒤로부터 현재까지의 시기를 현생顯生이언$_{eon}$이라고 부른다. 현생이언은 생명체의 활동이 활발해서 지층에 흔적이 많이 남은 시기이며, 은생이언은 화석 등과 같은 생명체의 흔적이 얼마 나오지 않는 시기다.

현생이언은 다시 크게 고생대·중생대·신생대로 나뉘고, 그 각각은 다시 3~6개의 작은 시기로 나뉜다. 그 6억 년에 가까운 동안 생물들은 다양하게 진화했고, 영역을 넓혀왔다.

그런데 그 긴 시간 전지구의 생태계가 흔들릴 정도로 커다란 충격이 닥친 시기가 다섯 번 있었다. 그 시기에 현존하는 생물종 대부분이 멸종했기에 대멸종 시기라 한다. 다섯 번의 대멸종을 시기

● 지질시대를 구분하는 가장 큰 단위로, 본래 '영겁'을 뜻하는 단어이다.

[표] 5대 대멸종

시기	명칭	멸종된 종의 비율
4억4600만 년 전	오르도비스기-실루리아기 멸종	60~70%
3억7500만~3억6000만 년 전	데본기 말기 멸종	75%
2억5000만 년 전	페름기-트라이아스기 멸종	80~90%
2억200만 년 전	트라이아스기-쥐라기 멸종	50~75%
6600만 년 전	백악기-팔레오기 멸종	75%

적으로 나열해보면 첫 대멸종은 고생대 오르도비스기 말에 있었고, 두번째는 고생대 데본기 말이었다. 가장 규모가 컸던 세번째 멸종은 고생대 페름기와 중생대 트라이아스기 사이였으며, 네번째는 중생대 트라이아스기와 쥐라기 사이였다. 마지막 대멸종은 중생대 백악기와 신생대 사이에 일어났다.

한 종species의 생물이 지구상에서 완전히 사라지는 사건을 멸종extinction이라 하는데, 그 자체는 예사로운 일이다. 지구 자체가 정적인 장소가 아니고 끊임없이 변하는 곳이라 그 변화에 적응하지 못하는 종들이 사라지는 건 범상한 일이기도 하거니와, 또 워낙 많은 종의 생물들이 살다보니 한두 종의 멸종이야 거의 매년 일어나는 일이다. 그러나 대멸종은 경우가 다르다. 우리 인간으로서는 꽤 긴 과정이지만 지질학적으로 볼 땐 순식간에 지구상에 존재하는 생물 종 중 70% 이상이 사라진 엄청난 사건이다.

그렇다 보니 그 원인이 무엇인지 알아보고 싶은 건 당연한 일이다. 이를 연구하는 이들 중 대부분은 고생물학자인데 대멸종 사건에 대해 대체로 지구 내부에서 그 원인을 찾고자 한다. 이는 고생물학자들만의 특징이라기보다는 과학자들 일반이 공유하는 것이기도 하다. 어떠한 현상이 나타날 때 그 원인을 외부로 돌리는 것은 마치 직무유기처럼 여겨지는 것이다. 생명의 탄생을 설명하기 힘들다고 해도, 그것을 '신의 창조'나 '외계인의 개입' 등으로 설명한다면 되겠는가. 이처럼 사건을 내부의 원리와 과정에 의해 설명하는 것이 과학이지, 그 원인을 지구 외부의 작용에 돌리는 건 과학적이지 않다는 생각이 있는 것이다. 연극에서는 사건을 개연성 없이 외부의 힘으로 뚝딱 해결하는 것을 데우스 엑스 마키나Deus Ex Mackina•라고 부르며, 극작가가 피해야 할 결말이라고 이야기한다. 원수 관계인 두 집안의 갈등이 뜬금없이 한쪽 집안사람들이 벼락에 맞아 모두 죽는 식으로 해결된다면, 관객이 납득할 수 없을 것이다. 마찬가지로 과학자도 마땅히 이런 데우스 엑스 마키나를 피해야 한다는 것이다.

실제로 대멸종 사건과 그에 버금가는 사건들 대부분이 지구 내적 원인에 의해서 일어났다는 것은 이와 관련된 연구의 잠정적 결

● 고대 그리스 시대의 연극에서는 결말부에 신으로 분장한 배우가 기계장치를 타고 위에서 내려와 모든 갈등을 해결하고 극을 마무리하는 경우가 많았다. 그래서 이런 개연성 없는 연극 작법을 가리켜 '기계장치의 신'이라는 뜻의 데우스 엑스 마키나라고 부르게 됐다.

론이기도 하다. 페름기 말 대멸종은 시베리안 트랩Siberian Traps에서 시작되었다. 시베리아에서 유럽보다 넓은 면적에 걸쳐 10만 년 동안 우리가 상상하기 힘든 화산 분화가 이루어졌고, 그 결과 지구 대기의 이산화탄소 농도가 급격히 상승해 지구의 기온이 올라갔다. 이 온난화와 그에 따른 여러 사건들이 중층적으로 쌓이면서 결국 산소 농도가 절반 이하로 떨어졌고, 이 모든 사건들이 모여 페름기 대멸종을 만들어냈다. 트라이아스기 대멸종도 유사하다. 대서양 바다 깊은 곳에는 북극에서 남극까지 이어지는 대서양 중앙 해령이 있는데 이 산맥이 트라이아스기 말에 형성되었다. 이 산맥의 형성 과정에서 마찬가지로 화산 분화가 끊임없이 이루어졌고, 그 결과 페름기 대멸종과 규모는 조금 작지만 비슷한 결과가 나타난 것이다. 또 데본기 대멸종은 전지구적 빙하기가 도래해서 일어났는데 이 빙하기의 원인은 대륙의 이동과 육상 식물들의 번성이 그 원인이었다.[26] 육상 식물들이 광합성을 통해 이산화탄소를 대거 흡수하면서 대기 중 이산화탄소 농도가 줄어들어 그만큼 온실효과가 감소한 것이다.

그런데 나머지 두 대멸종에 대해선 다른 주장이 나왔다. 오르도비스기 대멸종은 먼 우주에서 일어난 초신성의 폭발이 원인이었다는 주장이 나왔고, 백악기 대멸종에 관해선 운석 충돌이 원인이라는 주장이 제기되었다. 이 주장의 주인공들은 물리학자거나 천문학자였다. 지질학자들과 고생물학자들에게 지구 외의 우주는 지구 형성 초기의 몇억 년을 제외하면 명백한 외부요인이지만, 천문학자와 물리학자들에게는 우주가 결코 외부가 아니다. 따라서 그들의 입장에서는 대멸종의 원인으로 천문학적 요인을 드는 일이 결코 데우스 엑스 마키나가 아닌 것이다. 지질학이나 고생물학 쪽에서는 상상하기 힘든 주장이 나온 배경이다. 그렇다고 고생물학자들이 이를 그대로 수용할 리 만무하다. 이들도 나름대로 각 대멸종에 대한 연구를 통해 지구 내부의 원인을 찾아가고 있었다. 두 대멸종 중 가장 치열한 논쟁이 현재까지도 벌어지고 있는 백악기 대멸종에 대해 먼저 알아보자.

데칸 트랩과 해퇴 현상

중생대와 신생대를 가르는 백악기 대멸종은 지구 역사에서도 굉장히 중요한 사건이었다. 흔히 공룡이 멸종한 것으로 많이 알려져 있지만 공룡 외에도 육상 생물종의 75%가 사라졌다. 육상에서 몸무게 25kg 이상의 생물이 거의 모두 사라졌다. 예외는 강에서 생활하던 악어 정도뿐이었다. 바다에서도 중생대 바다를 지배했던 모사사우루스나 장경룡 등 해양 파충류와 두족류인 암모나이트 등 다양한 해양 생물이 멸종했다.

처음 백악기 대멸종에 대해 연구하던 이들은 당연히 지질학자와 고생물학자들이었다. 이들이 찾아낸 유력한 원인은 데칸 트랩이었다. 현재 인도 서부에서 파키스탄에 걸쳐 뻗어 있는 데칸고원은 화산 분화로 인해 흘러나온 용암이 굳어서 만들어진 지형이다.

중생대 백악기 말에 거의 유럽 전체와 맞먹는 면적에서 대규모 용암 분출이 일어났다. 데칸고원의 용암 분출은 백악기 중기부터 신생대 초기까지 이어지지만 그 절정은 백악기 말 3만 년 동안이었다. 이 시기에 흘러나온 용암의 양은 1만km^3에 달하고 인도 서부의 고원에 쌓인 용암의 두께가 $2400m$에 이른다. 당시 인도의 절반 정도 면적이 용암으로 묻혔다. 이 정도의 화산 분화면 같이 분출된 엄청난 화산재가 충분히 핵겨울 혹은 화산겨울을 만들 만했다.

용암과 함께 나온 화산재는 대기 중으로 퍼져나가 해를 가린다. 대규모 화산 하나가 폭발해 화산재가 해를 가려 2~3년간 지구 평균 온도가 1~2도 정도 떨어지는 것은 인류 역사에서도 백년에 한 번 정도는 일어나는 흔한 일이다. 그러나 그보다 수천 배, 수만 배 정도 되는 화산 분화는 1억 년에 한 번 정도 일어나는 드문 일인데 데칸고원의 화산 분화가 그러했다. 당연히 지구 평균 기온은 몇 도씩 떨어졌고 지속기간도 길었다. 이 자체도 지구 생태계에 심각한 영향을 준다. 그러나 문제는 그 이후다.

화산재보다 더 무서운 것은 화산가스다. 화산가스 중 제일 많은 것은 수증기이고 그 다음이 이산화탄소다. 수증기는 화산재와 함께 구름을 형성하고 비가 되어 내리니 그다지 큰 영향을 주지 못한다. 그러나 이산화탄소는 대기 중에 아주 오래 남아 있게 된다. 지금 기후위기의 주범이 이산화탄소인 것도 그런 이유다. 그 당시도 마찬가지. 화산재에 의한 핵겨울이 지나자 이번에는 이산화탄소 농도 증가의 영향으로 온난화가 시작된다. 갑자기 추워졌다가 다

거대하고 지속적인 화산 분화는 지구의 온도를 급격히 냉각시킴으로써 생태계에 심대한 타격을 줄 수 있다. 지질학자들은 오늘날 인도 북서부의 데칸고원을 형성시킨 화산 분화가 공룡의 시대를 종식시킨 대멸종의 원인이었다고 주장해왔다.

시 따뜻해진 것이다. 이렇게 급격한 기후변화는 생태계를 교란시키게 되고 그 과정에서 대규모 멸종사태가 일어나게 된 것이다.[27]

어떤 지질학자들은 데칸 트랩의 영향이 대멸종을 일으키기엔 충분치 않았다고 본다. 데칸고원의 용암 분출은 약 1000만 년에 걸쳐 서서히 일어났으며, 따라서 특별히 백악기 말에만 영향을 미쳤다고 보긴 힘들다는 것이다. 즉 데칸 트랩이 생태계에 영향을 미치기는 했지만 그 정도가 아주 강하지 않고 또 서서히 이루어졌기 때문에 대멸종의 직접적 원인이 되기는 힘들다는 주장이다.

그래서 또 한 원인으로 백악기 말에 해수면이 급격히 낮아진 현상(해퇴海退 현상)도 제기된다. 당시의 지층을 연구하는 학자들에 따르면, 백악기 초·중기에 바다 밑에서 형성된 지층이 백악기 후반이 되자 육상 퇴적층으로 바뀐 현상이 전지구적으로 일어났다고 한다. 한두 곳이면 지층이 융기되었다고 볼 수 있지만, 세계 곳곳에서 이런 지층이 발견됐다는 것은 해수면이 낮아진 결과로밖에 볼 수 없다. 그 이유로는 당시 맨틀대류*가 상승하던 지점의 심해 지각 일부가 상승 압력이 약해지면서 아래로 내려앉아 그 부피만큼 해수면이 내려갔다는 가설이 현재 가장 유력하다.[28]

이 과정에서 당시 대륙붕의 거의 대부분이 육지가 되어버렸다. 대륙붕에 살던 바다생물들에겐 엄청난 재앙이었을 것이다. 대륙붕은 면적은 얼마 되지 않지만 해양 생태계에서 가장 중요한 곳이다. 종 다양성이 가장 풍부하고 생물량도 많기 때문이다. 그런 곳이 바닷물이 빠지면서 육지가 돼버린 것은 그곳에 자리잡고 살던 생물들에게는 엄청난 타격이었을 것이다. 또한 바다는 육지보다 햇빛의 반사율이 높다. 바다였던 곳이 육지가 되면 햇빛의 반사는 줄어들고, 그만큼 흡수되는 비율이 높아진다. 그에 따라 지구 표면의 평균 온도가 높아진다. 데칸 트랩에 의한 지구 온난화에다 해퇴 현상에 의한 온도 상승까지 더해지게 되었다.

이러한 해퇴 현상은, 당시 해양 동물은 많이 멸종했지만 강 같은 민물에 사는 동물은 거의 멸종하지 않은 현상에 대해서도 납득

● 맨틀은 지각과 핵 사이에 있는 두꺼운 고체층으로, 핵과 가까운 곳일수록 뜨겁고 지각에 가까운 곳은 차갑다. 핵 부근의 뜨거운 맨틀은 밀도가 낮아 서서히 지각으로 상승하고 지각 부근의 차가운 맨틀은 밀도가 높아 하강을 하게 된다. 이렇게 긴 시간에 걸쳐 맨틀이 순환하는 것을 맨틀대류라고 한다. 이런 맨틀의 대류로 인해 지각판의 이동과 충돌이 일어나고, 지진과 화산도 발생한다.

할 만한 설명이 된다. 바다가 밀려나니 그만큼 강이 길어지고, 이렇게 넓어진 영역은 민물에 사는 동물들에게는 커다란 이점이 된다. 실제로 당시 살았던 담수 척추동물은 대부분 멸종을 면했다.

운석충돌론의 등장

이런 기존의 전통적 설명에 대해 반론을 들고 나온 것은 알바레즈 부자다. 아버지인 루이스 월터 알바레즈Luis Walter Alvarez는 노벨물리학상을 받은 실험물리학자이고 아들인 월터 알바레즈Walter Alvarez는 지질학자였다. 이들은 중생대 백악기 말에서 신생대의 첫 번째 시기인 팔레오기로 넘어가는 지층(백악기를 뜻하는 독일어 단어 Kreidezeit와 팔레오기Paleogene의 첫 문자를 따 'K-Pg 경계'라고 부른다) 바로 아래의 점토층에서 이리듐 원소가 풍부하다는 사실을 발견한다. 이리듐은 꽤 무거운 원소다. 그래서 지구처럼 생성 초기에 행성 전체가 고온으로 마그마 상태가 되면(이를 마그마의 바다라 한다), 중심 핵 쪽으로 가라앉아 지표면에는 거의 존재하지 않는 희귀원소가 된다. 그런 이리듐이 어째서 세계 전역의 K-Pg 경계에서 고르게 발견되는 것일까?

이는 백악기 말에 소행성이 지구에 떨어졌다는 것을 강력하게 시사한다. 소행성은 이런 마그마의 바다 상태를 겪지 않기 때문에 이리듐이 표면에도 비교적 풍부하게 분포해 있다. 이런 소행성이 지구와 충돌한다고 해보자. 어마어마한 속도로 부딪히기 때문에

산산이 부서지면서 먼지가 성층권까지 올라간다. 그러곤 지구 전체로 퍼지게 되고 이후 천천히 전세계 지표 위로 내려와 쌓이는 것이다. 그것이 K-Pg 경계에 이리듐이 다량 존재하는 이유라는 것이다. 이를 토대로 알바레즈 부자는 1980년 운석 충돌에 의한 백악기 대멸종 가설을 주장한다.

처음 알바레즈 부자가 운석 충돌에 의한 백악기 대멸종설을 주장했을 때 지질학계와 고생물학계는 별로 진지하게 받아들이지 않는 분위기였다. 말 그대로 하늘에서 뚝 떨어진, 데우스 엑스 마키나스러운 주장이었기 때문이다. 지구에서 일어난 일은 지구에서 원인을 찾는 것이 당연하고 과학적이라 생각했던 것이다. 또한 기존의 데칸 트랩과 전지구적 규모의 해퇴 현상으로도 대멸종에 대한 완전히 만족스럽지는 않지만 어느 정도 설명이 되고 있었다. 그리고 아들은 지질학자라고 하지만 아버지 알바레즈는 물리학자였다. 지질학의 일에 물리학자가 이리저리 말을 거드는 것도 싫었으리라. 하지만 일부 과학자들은 이들의 말에 귀를 기울였다. 이들은 당시 지층에 나타난 이리듐의 존재를 근거로 백악기 대멸종 가설을 지지했고, 실제 운석이 떨어진 증거를 찾아 나섰다.

그리고 증거가 나타났다. 사실 발견은 1970년대 말에 이루어졌지만 당시에는 이것이 운석 크레이터(충돌구)인지도 모르고 있었다. 그러다 1990년에 천문학자 알란 힐데브란트Alan hildebrand가 운석 크레이터라는 증거를 발견한다. 바로 멕시코 유카탄 반도 북쪽, 반쯤은 바다에 반쯤은 육지에 걸쳐진 크레이터가 그것이다.

6500만 년 전 지금의 멕시코 유카탄 반도 북쪽 칙술루브에 운석이 떨어진다. 지름이 약 $10\sim15km$ 정도 되었던 이 운석은 초속 $20\sim70km$의 속도로 떨어졌다. 충돌의 효과는 TNT 1억Mt(메가톤) 규모였다. 이 정도의 충돌 규모를 어떻게 설명할 수 있을까? 지금 미국과 러시아 그리고 기타 핵보유국의 모든 핵을 한데 모아 터뜨리는 것으로도 한참 부족하다. 히로시마에 떨어진 핵폭탄의 폭발력이 TNT $20kt$(킬로톤)이었으니 그보다 약 50억 배나 더 큰 규모다.

이 운석이 떨어진 멕시코 유카탄 반도에 생긴 크레이터는 지름이 $170km$, 대략 서울에서 구미 정도까지의 거리이고 깊이는 $15\sim20km$, 에베레스트산 높이의 2~3배 정도였다. 충돌로 발생한 쓰나미는 높이 $100m$가 넘었고, 육지로 $20km$까지 휩쓸며 들어갔다. 어마어마한 암석 파편이 성층권까지 올라갔다. 이 암석 파편이 먼지가 되어 해를 가렸고 지상은 핵겨울로 돌입했다. 지구의 표면 온도는 급격히 떨어졌고 식물들은 광합성을 하기 힘들어 죽어갔다. 그리고 핵겨울이 지나자 다시 지구 온난화가 시작된다. 급격한 온도 변화는 데칸 트랩의 분출보다 더 컸고, 백악기 말 대멸종이 실현되었다.

이렇게 멕시코 유카탄 반도의 크레이터가 발견되면서 상황은 반전되었다. 서서히 무게의 추가 운석에 의한 대멸종 쪽으로 넘어갔다.

지질학자들의 반격과 재반격

하지만 운석이 떨어졌다는 사실에는 일단 수긍하지만 운석이 대멸종의 결정적 원인이라는 주장에는 동의하지 못하는 과학자들도 많았다. 이들에 따르면, 멕시코 유카탄 반도의 운석은 제2차 세계대전 때의 원자폭탄처럼 잔을 넘치게 하는 마지막 한 방울이었을 뿐이라는 것이다. 당시 미군은 이미 일본에 대한 확실한 승기를 잡았고, 일본 본토에 대한 진격을 앞두고 있었다. 일본 또한 이미 지고 있는 전쟁인 것을 실감하고서, 일본 본토를 항공모함에 빗대어 전원 옥쇄를 주장하며 마지막 불꽃을 사르려는 참이었다. 미국이 일본 본토에 원자폭탄을 떨어뜨린 것은 당시 소련에게 일본 진주 기회를 주지 않으려는 국제정치적 계산에 의한 것이지, 그것으로 제2차 세계대전의 결과가 달라질 것은 아니었다. 하지만 결국 제2차 세계대전의 결말은 히로시마의 핵구름으로 상징된다. 마찬가지로 백악기 대멸종은 운석의 충돌이 아니라도 이미 진행되고 있던 사건이었지만, 그 마지막 매조지를 운석 충돌이 한 것이다. 그 마지막이 우리의 눈에 너무나 인상적이어서 그 이전의 과정이 잘 보이지 않는 것뿐이라는 주장이다.

유명한 만큼 논란도 많아 백악기 말의 대멸종에 대해 점진적 멸종을 주장하는 측과 운석 충돌로 '한 방에 훅 갔다'는 주장을 하는 측이 여전히 존재했다. 거기에는 백악기 말의 육상 퇴적층이 전세계에서 미국의 사우스다코다주에 있는 헬크릭 지층 한 곳밖에 없

우주에 떨어진 운석이 대멸종의 원인이라는 주장에 대해 처음에는 SF스러운 상상이라고 여기던 과학자들도 많았지만, 칙술루브 분화구가 발견되고 충돌의 규모가 밝혀지면서 이제는 거의 '정설'로 인정받고 있다.

다는 결정적인 문제도 있었다. 즉 당시의 육지 상황을 알려줄 지층이 별로 존재하지 않는 것이다.

재미있는 것은 충돌 이론을 지지하는 과학자들은 주로 지구화학자와 지구물리학자들이고, 점진적 이론을 지지하는 과학자들은 대부분 생물학자들이라는 점이었다. 과학자들도 저마다 전문 분야가 있어서 자기가 보고자 하는 것, 보고 싶은 것에 집중하는 경향이 있는 것이다.

하지만 시간이 지날수록 칙술루브의 운석이 백악기 멸종의 '결정적 한 방'이었다고 주장하는 과학자들이 더 많아졌다. 이젠 지질학자들 중에서도 '결정적 한 방' 편이 더 많다. 여기엔 컴퓨터를 통한 시뮬레이션이 큰 역할을 했다. 칙술루브에 떨어진 운석이 가져온 효과는 시뮬레이션 결과 궤멸적이었다. 즉 충돌 이전에 어떤 일이 있었건 운석 충돌 자체만으로도 충분히 대멸종이 발생할 수 있다는 것이 정교한 시뮬레이션을 통해 밝혀진 것이다. 시뮬레이션 결과도 특정한 한 연구팀이 아니라 여러 연구팀들이 다양하게 내놓았는데, 그 충격의 규모에는 다소간 차이가 있지만 전반적으로 대멸종으로 가기에 충분하다는 결론이었다.

이와 함께 기존 데칸 트랩과 해퇴 현상이 실제로 대멸종의 방아쇠가 될 수 있는지에 대해서도 의문을 제시하는 연구들이 속속 등장했다. 백악기 말 운석 충돌이 있기 전에는 공룡의 종species 수가 처음 예상만큼 줄어들지 않았고 여전히 번성하고 있었다는 증거도 나오고, 해양 생물종의 다양성도 크게 훼손되지 않았다는 연구도 발표되었다.

가장 최근의 연구결과는 2020년 미국 예일대와 영국 사우스샘프턴대의 공동연구팀이 내놓은 것이다. 이들은 데칸고원의 화산 대폭발은 백악기 대멸종보다 상당히 앞서서 일어났으며 대멸종에는 별 영향을 주지 않았다고 주장한다. 그리고 화산 분화 시기의 이산화탄소 발생은 지구 표면 온도를 2도 정도 높인 것으로 밝혀졌고, 많은 생물종들이 조금 더 시원한 북극과 남극으로 이동했지만 운석 충돌 전에 다시 돌아왔다고 주장한다. 이들은 생각 외로 온도가 높아지지 않은 것은 대기상의 이산화탄소 중 많은 부분이 바다에 녹아들었기 때문으로 보고 있다. 또한 데칸고원의 대규모 분화는 한 차례가 아니라 몇 차례에 걸쳐 일어났으며 백악기 대멸종 이후에도 일어났음이 드러났다. 그리고 이 화산 분화가 오히려 대멸종 이후 새로운 신생대 생물종의 출현에 영향을 미쳤을 것으로 보고 있다.[29]

결국 백악기 대멸종에 관한 논쟁은 현재 세번째 단계이며, 어느 정도 결론이 나고 있다고 볼 수 있다. 첫번째는 알바레즈 부자가 운석 충돌설을 제안했을 때로 과연 운석 충돌이 있었느냐가 논쟁의 초점이었다. 두번째는 운석 충돌이 확인된 후 과연 운석 충돌이 대멸종을 이끌 만큼의 규모였는지에 대한 논쟁이었다. 그리고 이제 세번째 단계는 운석 충돌의 규모가 어느 정도 확인된 뒤 과연 충돌 이전의 데칸 트랩 화산 분화와 해퇴 현상이 백악기 대멸종에 어느 만큼의 영향을 주었는지가 초점이다. 운석 충돌 자체가 대멸종을 최종적으로 만들어낸 것에 대해선 모두 동의하지만 그 이전의 과정에 대한 평가는 서로 엇갈렸다. 복싱으로 친다면 지속적인 펀치에 의해 데미지가 쌓인 끝의 한 방이었는지, 아니면 대등한 경기를 벌이다 맞은 카운터 한 방이었는지에 대한 논쟁인 것이다. 21세기 현재 논쟁은 결정적 한 방 쪽으로 거의 기운 듯이 보이지만 아직은 승복하지 않고 있는 과학자들도 있다.

지질학자와 천문학자의 2차 전쟁

백악기 대멸종이 운석에 의해 일어났다는 주장이 성공적인 사례가 되자 다른 대멸종에 대해서도 혹시 천문학적 요인이 작용하지 않았는지 살펴보는 천문학자들의 연구가 시작되었다. 그리고 최초의 대멸종이었던 오르도비스기 대멸종에 대해서 초신성 폭발이 원인이었을 거라는 주장이 나왔다.

먼저 오르도비스기 대멸종에 대해 알아보자. 정확하게는 오르도비스기-실루리아기 대멸종 사건Ordovician-Silurian extinction events이라 불리는데 4억4400만 년 전에 일어났다. 생물 대부분이 바다에 살고 있었고 육지에는 몇몇 단세포 생물밖에 없었던 시기였다. 따라서 대멸종 또한 바다를 중심으로 일어났는데, 이 사건으로 당시 존재하던 해양생물 과의 27%, 속의 49~60%와 종의 85% 정도가 사라졌다. 규모로만 따지면 페름기 대멸종 다음으로 크다.[30]

전체 종의 85%가 사라졌다는 것은 살아남은 종이 약 15%밖에 안 된다는 것 이상의 의미를 가진다. 가령 100종류의 종이 각기 1만 마리 정도의 개체를 보유하고 있었다고 생각해보자. 그중 85종류는 한 마리도 빠지지 않고 모두 죽음을 맞이한 상황에서 나머지 종들이 원래의 1만 마리 규모를 모두 유지했을 리는 없을 것이다. 나머지 종들도 개체들 상당수가 죽었지만, 종을 유지할 정도는 됐던 실정이었을 것이다. 즉 개체로 보면 전체 100만 마리 중 1만 마리 정도나 살아남을 수 있었는지도 의문이 들 정도로 심각한 타격을 입은 것이다.

지질학과 고생물학 등 이 분야의 전통적 연구자들은 대멸종의 가장 중요한 이유로 대륙의 이동을 든다. 그 시기에는 현재의 남극·남아메리카·아프리카·마다가스카르·오스트레일리아·인도·아라비아반도 등이 한 대륙으로 뭉쳐 있었다. 이를 '초대륙 곤드와나Gondwana'라 부르는데, 이 초대륙이 통째로 오르도비스기 말에 남극점으로 이동한다. 그와 함께 곤드와나 초대륙 주변 해류의 흐름이 바뀐다. 곤드와나 초대륙을 둘러싸는 순환류가 형성된 것이다. 이 순환류는 따뜻한 적도 바다에서 올라오는 해류를 차단하여 곤드와나 대륙의 온도를 낮추는 역할을 한다. 곤드와나 대륙은 점차 추워지면서 빠르게 빙상으로 덮여간다.

남극대륙의 몇 배에 달하는 곤드와나 초대륙이 거대한 빙상이 되면서 연쇄적인 반응이 일어난다. 대륙의 빙상이 햇빛을 반사하기 시작했다. 원래 검은 색은 빛을 잘 흡수하고 흰색은 반사하는 비율이 높다. 빛을 흡수하던 대륙이 빛을 반사하면서 지구가 흡수하는 햇빛의 많은 부분이 다시 대기권 밖으로 빠져나갔다. 지구의 평균 기온은 낮아지고 곤드와나 대륙 주변의 바다도 얼어붙기 시작했다. 빙상이 늘수록 햇빛이 반사되는 정도도 늘어났다. 초대륙 곤드와나 주변으로 거대한 빙상이 늘어나면서 지구 전체 온도가 내려가고 바다 표면의 온도도 같이 낮아졌다.

여기에 조류藻類, algae가 한몫을 거든다. 고생대 이후 얕은 바다를 중심으로 거대한 산호초가 생성되고 그 주변으로 조류가 비약적으로 늘어났다. 조류는 광합성을 하면서 이산화탄소를 흡수하고 산소를 배출한다. 대기 중 이산화탄소의 농도가 낮아졌다. 또 늘어난 해양 생물들은 바다 속에 녹은 이산화탄소와 칼슘을 이용해서 자신의 몸을 감싸는 껍데기를 만든다. 완족류와 두족류 등의 연체동물과 플랑크톤 그리고 결정적으로 산호가 이 과정을 주도한다. 오르도비스기는 이전 시기와는 달리 적도를 중심으로 광범위한 산호초가 최초로 형성된 시기이기도 하다. 이렇게 바다 속의 이산화탄소 농도가 낮아지니 대기 중의 이산화탄소가 다시 바다에 녹고, 결과로 대기의 이산화탄소 농도가 또 낮아진다. 이산화탄소는 대기 중에서 온실가스로 기능하기 때문에 그 농도가 높을수록 지구의 평균온도가 높아지고, 낮을수록 평균온도가 낮아진다.

이런 두 가지 이유로 인해 지구에 대규모 빙하기가 찾아왔다. 여기에 바다가 얼어 곤드와나 초대륙의 빙상으로 변해갈수록 바닷물의 양은 줄어드니 해수면이 점차 내려갔다. 지금도 마찬가지지만 해양 생물들은 유기물이 풍부하고 햇빛이 잘 드는 해안가를 중심으로 얕은 바다에 집중적으로 살고 있다. 이들에게 해수면이 내려가는 것은 삶의 터전을 잃어버리는 일이 된다. 상대적으로 온난한 기후와 해수 온도에 적응해 있던 해양 생물들은 삶의 근거지가 사라지고, 해수와 대기의 온도가 내려가자 이에 적응하지 못하고 멸종했다. 그 결과가 오르도비스기 대멸종이었다는 것이 고생물학자들을 중심으로 한 주장이었다.

초신성이 내뿜은 감마선이 오존층을 부수다

이런 전통적 오르도비스기 대멸종 견해에 대항하는 다른 견해가 21세기 들어 새롭게 나왔다. 당시에 지구 오존층이 파괴되면서 자외선이 강해진 영향으로 대멸종이 왔다는 것이다. 자외선은 우리 눈에 보이지는 않지만 대단히 에너지가 높은 빛으로 세포를 파괴할 정도로 세다. 여름철 뜨거운 태양 아래 나갈 때면 자외선 차단 크림을 바르는 이유도 이 때문이고, 음식점에서 위생을 위해 사용하는 자외선 살균기도 이러한 점을 이용한 것이다. 태양은 끊임없이 자외선을 내놓는데 지구로 쏟아지는 자외선이 지표에 그대로 꽂히면 어떤 생물도 살 수가 없다. 다행히 지구 대기권에는 오존층이 있어 자외선의 99%를 흡수한다. 지구의 생물체가 해수면 가까이에 살 수 있게 된 것도 이 덕분이다. 지구에서 오존층이 형성되기 전에는 자외선이 닿지 않는 깊은 바다 속에서만 생물이 살 수 있었다.

이런 오존층이 파괴된다면 지구 생태계는 괴멸적 타격을 입을 것임은 분명하다. 그리고 미국 캔자스대학의 천문학자 에이드리언 멜롯Adrian Melott 박사는 2004년 미국 천문학협회 총회에서 이런 일이 오르도비스기 말에 실제로 벌어졌다고 주장했다. 지구로부터 1만 광년 내에 있는 초신성에서 방출된 감마선이 지구에 다다르며 오존층이 사라졌고, 이에 따라 태양 자외선에 노출된 지구 생명체가 절멸했다는 것이다.[31]

초신성이란 막대한 질량을 가진 별이 자기 생의 마지막 단계에서 대폭발을 일으키는 현상이다. 이때 100억 개의 별이 내는 것보다 더 큰 에너지를 방출하면서 일순간 은하 전체의 별을 합친 것보다 더 밝게 빛난다. 워낙 강력한 폭발이기에 몇 주에서 수개월 이상까지 지속된다. 이런 초신성 현상은 은하 하나에서 약 50년마다 한 번 나타나는 것으로 추정된다. 하지만 이런 초신성의 감마선이 지구에 큰 영향을 미치려면 일정한 거리 내에서 일어나야 한다. 천문학적 확률에 따르면 지구는 수억 년마다 한 차례 정도 이런 상황을 마주치게 된다. 그 일이 오르도비스기 말에 일어났다는 것이다.[32]

초신성이 폭발하면서 발생한 거대한 양의 감마선이 지구를 직격하면 어떤 일이 벌어질까? 지구의 대기 성분 대부분은 질소(N_2)와 산소(O_2)인데, 이 기체들은 감마선과 반응해 원자 상태로 분해됐다가 다시 이산화질소(NO_2)로 재결합한다. 그런데 이산화질소는 공기 중의 오존(O_3)과 반응하여 오존을 분해해버리는 성질이 있다.(이산화질소와 오존이 만나 질소와 산소를 만든다.) 성층권의 오존이 분해되면서 태양으로부터 날아오는 자외선을 막던 보호막이 사라졌고, 따라서 지구 표면에 평소의 50배 이상의 자외선이 쏟아졌다. 얕은 바다에 주로 살던 오르도비스기 당시의 해양생물들은 자외선에 그대로 직격당해 절멸되었다는 것이다.

그럼 그에 대한 증거는 있을까? 대량의 감마선 피폭을 의심해볼 만한 흔적은 있다. 태평양의 해저에선 철 동위원소 ^{60}Fe를 많이 가진 암석층이 발견되었다. 원래 방사성 물질인 철 동위원소 ^{60}Fe는 처음 지구가 형성될 때는 존재했으나 반감기가 260만 년으로 오르도비스기 말기에는 거의 다 사라졌어야 한다. 반감기란 존재하던 물질이 반으로 줄어드는 데 걸리는 시간을 의미한다. ^{60}Fe의 경우 260만 년이 지나면 1/2, 520만 년이 지나면 1/4, 780만 년이 지나면 1/8로 줄어들기 때문에 수억 년이 지나면 매우 조금만 남게 된다. 그럼에도 태평양 해저에서 철 동위원소 ^{60}Fe가 발견되었다는 것은 일단 당시 감마선 피폭이 있었다는 간접적 증거가 될 수 있다. 감마선은 대단히 에너지가 큰 전자기파라 해저의 철 원자에 작용해서 새로 철 동위원소 ^{60}Fe를 만들 수 있기 때문이다. 이런 증거가 나타나자 초신성 폭발 가설이 여러 과학자들의 관심을 끌었다.

하지만 이런 초신성 가설은 아주 짧은 시간, 즉 감마선에 의해 오존층이 분해되고 지표에 태양의 자외선이 아무런 방해 없이 내려꽂히는 몇십 년 혹은 몇백 년 정도에 모든 생물이 멸종했다는 결론에 도달하게 되는데 아무리 심각한 피해라도 몇백 년 만에 그런 일이 벌어질 수 있을까? 실제 오르도비스기 말의 대멸종이 그렇게 한순간에 일어났는지에 대해서는 반대하는 학자들이 훨씬 더 많다. 지층에 대한 연구를 통해 밝혀진 바에 따르면 오르도비스기 대멸종은 최소한 몇만 년에 걸쳐 이루어진, 지질학적 시간으로 보면 짧지만 절대시간으로 보면 꽤 긴 기간에 걸쳐 이루어진 사건이다. 그렇다면 감마선에 의한 오존층 파괴가 지속적으로 이루어졌다는 것인데 초신성 폭발로 인한 감마선 피폭은 길어도 100년이 되지 않는다.

다른 가능성은 감마선 피폭으로 인한 오존층 파괴로 당시 해양의 광합성 플랑크톤과 조류가 거의 절멸된 뒤 회복이 늦어지면서 광합성의 절대양이 줄어드는 경우다. 오존은 산소 원자 세 개가 모여 만들어지는 기체 분자이다. 오존 분자는 대기 중의 산소분자가 자외선에 분해되면서 생성되기 때문에 대기 중 산소 농도가 감소하면 오존층의 복구가 늦어질 것이고, 따라서 태양의 자외선이 지속적으로 지표를 직격하여 멸종 사건이 이어질 수 있다. 그러나 당시 지층에 대한 연구를 보면 산소 농도가 오존층을 형성할 수 없을 정도로 낮아진 증거를 찾아볼 수가 없다.

초신성 폭발에 따른 대멸종 가설의 또 다른 약점은 그 증거가 명확하지 않다는 것이다. 태평양 해저의 암석층에 있는 철 동위원소라는 정황적 증거 이외에 초신성이 실제로 폭발한 명확하고 직접적인 증거가 아직 없다는 점이다. 최초로 초신성 폭발 가설을 주장한 멜롯 박사는 현재도 지속적으로 연구를 하고 있지만 학계가 인정할 만한 증거를 추가로 내놓지는 못하고 있다. 4억 년도 더 전에 일어난 일에 대해 증거를 찾는 것이 쉽지는 않을 것이다. 백악기 대멸종의 원인은 지금도 운석 크레이터로 그 증거를 명확히 드러내고 있는 데 반해 초신성 폭발은 지구상에 별다른 흔적을 남길 수 없기 때문이기도 하다.

결국 기대해볼 수 있는 것은 당시 초신성이 폭발했다면 지구뿐만 아니라 다른 행성이나 위성에도 비슷한 영향을 미쳤을 테니 그 흔적을 찾아보는 일이다. 달과 화성 등의 탐사가 본격적으로 이루어진다면 이를 확인해볼 수 있겠지만 많은 과학자들은 아직은 회의적이다. 현재까지 오르도비스기 대멸종에 대해선 지구 내부적 요인을 주장하는 이들이 유리한 위치에 서 있다.

논쟁이 남긴 것

지구의 역사에 대한 주장들은 쉽게 결론이 나기 힘든 것이 사실이다. 과거로 돌아가 그 상황을 직접 보지 못하니 지층에 남아 있는 흔적을 통해 추정해야 하는데, 몇천 년 전도 아니고 몇천만 년, 몇억 년 전의 지층을 조사하는 일은 짐작보다도 훨씬 더 어렵다.

우선 당시 지층 중에서도 퇴적층을 찾아야 한다. 그런데 대부분의 퇴적층은 바다에서 형성된다. 즉 육지 퇴적층은 굉장히 드물다. 육상 생물의 삶과 죽음의 흔적을 찾기란 그래서 어렵다. 또한 퇴적층이 가만히 기다려주지 않는다는 점도 중요하다. 일단 형성된 퇴적층은 지각 깊은 곳에서 주변 마그마의 영향으로 녹았다가 다시 굳어버리기도 하는데 그런 곳에선 증거를 찾기가 난망하다. 또 지구의 지각 자체가 가만히 있는 것이 아니라 끊임없이 움직인다. 대륙과 대륙이 만나고 혹은 갈라서며 바다 아래로 내려갔다가 다시 융기하기도 한다. 이런 과정에서 지표에 드러난 부분은 그대로 대기와 물의 영향을 받아 풍화되고 침식된다. 지층과 지층이 부딪치는 곳에선 압력을 받아 변형되고 심하게는 마그마로 녹아버리기도 한다.

그중 아주 일부가 운 좋게 지표면이나 지표 가까이 큰 훼손 없이 존재해서 연구의 대상이 되는데 말 그대로 극히 일부일 뿐이다. 그런 적은 증거자료로 가설이 만들어지기 때문에, 지질학이나 고생물학에서는 새로운 지층이 발견되거나 새로운 연구방법이 개발될 때 그전까지의 학설이 뒤집어지는 경우가 다른 과학 분야에 비해 빈번할 수밖에 없다.

하지만 이 논쟁 과정은 지구가 정말 닫힌계인가에 대해 새롭게 살펴볼 수 있는 계기가 되었다. 지구가 생성되던 초기에는 지구도 지구 외 물질들과 대단히 활발한 상호작용을 했다. 매일 수천 개의 운석이 떨어지고 그 여파로 지구 전체가 마그마가 되기도 했으니까. 하지만 지구 공전궤도 주변의 천체들이 죄다 지구와 충돌한 이후 지구는 비교적 외부와 큰 교류 없이 지내고 있다고 과학자들, 특히 지질학자들은 생각했다.

하지만 지구는 생각보다 외롭지 않다는 사실이 20세기 천문학자들의 노력에 의해 밝혀졌다. 지름 $1mm$ 정도의 운석은 30초에 한 번꼴로 지구에 떨어지고, 지름 $1m$ 정도의 운석은 일 년에 한 번 떨어진다. 물론 이들은 대기와의 마찰에 의해 타버린다. 우리가 못 알아차리는 이유다. 하지만 지름 $15m$ 정도의 운석은 10년에 한 번 정도 떨어지는데 이 정도면 공중에서 폭발해도 잔해가 지표에 떨어진다. 1908년 시베리아 퉁구스 지방에 지름 $100m$ 정도 운석이 떨어졌는데 이 정도면 수소폭탄 정도의 위력을 보인다. 즉 도시 하나가 그냥 날아갈 정도다. 이런 운석은 1000년에 한 번꼴로 지구를 방문한다. 백악기 말 대멸종을 만든 운석은 지름 $10km$ 정도인데

이 정도는 1억 년에 한 번꼴로 떨어진다. 즉 지구가 생긴 이래 40번 이상은 떨어졌다는 것이다. 다만 생태계가 제대로 구성된 5억 6000만 년 전 고생대 이후에는 운 좋게도 단 한 번만 있었을 뿐이다. 그러니 그 사실을 다행으로 여기며 감사해야 할지도 모른다.

우리 인간을 기준으로 한다면 1억 년은 상당히 긴 시간이다. 그래서 이런 아주 특별한 일에 우리가 익숙하지 않은 것일 수도 있다. 하지만 지구의 과거를 살펴보는 일이라면 40번이 넘는 폭격은 드물긴 하지만 없는 일 취급을 할 순 없는 것이다. 그리고 이는 단지 확률일 뿐이니 6600만 년 전에 운석이 떨어졌다고 그때로부터 1억 년이 되는 해에 운석이 떨어진다는 이야기는 아니다. 인류가 지구에 생존해 있는 동안 언제나 일어날 수 있는 일이다. 그래서 미 항공우주국NASA은 지구 근접 천체 프로그램Near Earth Objects Program이란 프로젝트를 통해 인간 문명을 파괴할 만한 크기의 외부 천체, 즉 소행성이나 혜성 등을 추적하고 있다. 백악기 대멸종 논쟁의 한 결말은 이렇게 SF에서나 상상하던 일을 실제로 대비하게 하는 쪽으로 이어지기도 했다.

맺는 말

과학은 과정이다. 하나의 이론에는 끝이 있지만 과학 자체에는 끝이 없다. 기존의 이론은 언제나 뒤집히기 위해 존재한다. 과학자들은 기존 이론의 허점을 찾기 위해 집요하게 데이터를 보고 실험을 한다. 허점이 보이는 순간 새로운 가설을 세우고 자신의 가설을 확인하기 위한 연구를 한다. 그 하나를 위해 평생을 바치는 이들이 과학자들이다.

그 과정에서 어떤 경우엔 자신이 세운 가설의 울타리에 갇혀 헤쳐 나오지 못한 채 생을 마감하기도 하고, 도그마에 사로잡힌 이들에 의해 배척당하기도 한다. 올바른 가설을 세웠지만 기술이 따라오지 못해 증명하지 못하기도 한다.

옳은 주장과 가설은 결국 후대에 의해 확인되고 명예는 회복된다. 그러나 그렇게 만들어진 이론은 또 어느 샌가 새로운 도그마가 되고, 이를 깨기 위한 새로운 노력이 또 다른 과학자들에 의해 시도되고 학설은 다시 뒤집어진다.

결국 과학자들은 일종의 시지포스가 되어 다시 깨어질 이론을 만드는 이들이라 볼 수 있다. 허무하지만 무의미하지는 않다. 그 과정에서 과학은 깊어지고 넓어지며 인류는 진리에 다가간다.

우리가 교과서에서 혹은 과학 대중서에서 만나는 과학은 항상 완전무결한 모습이다. 하지만 실재는 그렇지 않다. 중세와 르네상스 시기까지 유럽에서는 지구의 나이가 고작 몇천 년에서 몇만 년에 불과했다. 종교인만이 아니라 과학자라 불릴 만한 사람들도 그렇게 생각했다. 19세기의 지질학에서도 지구의 나이는 길어봤자 몇백만 년 정도였으나 이제 우리는 지구의 나이가 45억 년이라는 사실을 안다. 빛은 한때 입자였으나 파동이 되었고, 다시 입자가 되었다가 다시 파동의 성질을 띠게 되었다. 이제 빛은 입자이자 파동이 되었고, 마찬가지로 우리가 입자의 구성물이라고 생각했던 것들 또한 파동의 성질을 띠고 있다는 걸 알게 되었다.

자연의 변화가 급속히 일어나는지 아니면 아주 천천히 그리고 균일하게 일어나는지를 두고 이뤄지는 논변의 대립은 처음 수성론과 화성론으로 시작했지만 동일과정설과 격변설로 이어졌고, 생물학에서는 진화의 속도 문제로 다시 제기되었다. 이 책에서는 다루지 않았지만 이는 과학철학에서 칼 포퍼와 토머스 쿤의 논쟁으로도 이어진다. 어느 한쪽의 손을 들어줄 수 없는 충돌이다. 엎치락뒤치락하며 새로운 사실을 증거로 내세우는 과정에서 서로의 입장이 바뀐다.

흔히 세상에 영원한 것은 없다고 한다. 과학에서도 마찬가지다. 르네상스 시기부터 아리스토텔레스의 세계관은 유럽 전체에 걸쳐 과학에 있어선 일종의 도그마로 작용했다. 물리학도 화학도 생물학도 그의 영향에서 벗어날 수 없었다. 하지만 코페르니쿠스가, 갈릴레이가, 데카르트가, 뉴턴이 그의 권위를 전복하고 새로운 과학 이론을 제시하며 과학혁명을 이끌었다. 그리고 다시 영원할 것 같았던, 그리고 완전무결한 것 같았던 뉴턴의 역학은 20세기 들어 상대성이론과 양자역학이라는 새로운 이론으로 대체되었다. 보일과 라부아지에로 대표되는 과학혁명기의 화학자들은 아리스토텔레스의 4원소설 대신 데모크리토스를 잇는 원자론으로 근대 화학의 시조가 되었다. 다윈과 멘델로 대표되는 진화론과 유전학은 19세기 말에서 20세기 초에 이르는 과정에서 기존의 생물학을 대체하는 새로운 이론으로 등장했다.

20세기에서 21세기에 이르는 시기도 그러하다. 영원하고 변함없던 우주는 빅뱅으로 탄생하고 결국 언젠가 죽음을 맞이하는 존재로 변했고, 근본적 입자라 여겼던 원자는 양성자·중성자·전자 등으로 이루어진 것이 밝혀지고, 양성자와 중성자 또한 쿼크라는 더 근본적인 기본입자로 이루어져 있다는 게 밝혀졌다. 기본입자가 있느냐를 놓고 따지던 고대 그리스의 논쟁은 그 모습은 바뀌었지만 현대에 와서도 끈이론 등의 새로운 가설을 통해 자신의 모습을 재현하고 있다. 힘은 어떻게 작용하는가에 대한 고대 그리스의 논쟁은 아리스토텔레스의 접촉에 의한 작용이라는 생각이 1000년을 지배했으나 뉴턴에 의해 완전히 전복되었다. 그러나 20세기 들어 다시 표준모형이라는 현대적 양자역학은 매개 입자를 통해서 힘이 전달된다고 바라본다. 그러나 양자역학과 상대성이론은 이 둘을 통합할 새로운 이론을 기다리고 있으며, 새롭게 등장할 이론은 힘에 대해 어떤 다른 해석을 하게 될지 모른다.

인류의 기원에 대해서도, 의식의 존재 형식에 대해서도 마찬가지다. 20세기 이후 본격적인 연구가 시작된 이 두 분야는 서로 다른 관점과 주장의 지속적인 대립을 통해 발전하고 있다. 인종주의 이데올로기를 주장한다고 비판받았던 초기 고인류학은 인류 단일기원설을 통해 극복했는데 이제 다시 다지역기원설과 논쟁중이다. 의식 또한 뇌에서 어떤 방식으로 존재하는지에 대한 논쟁과 더불어 의식을 어떻게 정의해야 하는지에 대한 논쟁 그리고 동물의 의식에 대한 논쟁까지 다양한 영역에서 수많은 전투가 이루어지고 있다.

이 책에서 소개하지 못한 것까지 포함하여 수많은 질문과 대답, 비판과 반박이 지금도 치열하게 이루어지고 있으며, 전장에 참여하는 군인처럼 과학자들은 저마다의 전선에서 승리를 갈구하고 있다. 그중 많은 사람은 틀림없이 패배하겠지만, 그들의 노력을 포함하여 과학은 발전하고 있다.

책을 쓰기 위해 여러 자료를 찾아보며 힘들기도 했지만 새로운 발견에 눈 뜨는 즐거운 공부이기도 했다. 동일한 의문에 대해 서로 다른 해답으로써 부딪히고 있는 과학사의 그 모든 부분을 다 펼쳐 보이진 못했지만 나름대로 기존의 과학 논쟁을 다룬 책들과 차별성을 가진 그리고 나름의 의미를 가지고자 노력했다. 행복한 독서였기를 바란다.

참고도서

『가이아의 향기』, 최용준, 황금북, 2005년.

『개미와 공작』, 헬레나 크로닌, 홍승효 옮김, 사이언스북스, 2016년.

『공룡 이후』, 도널드 R. 프로세로, 김정은 옮김, 뿌리와이파리, 2013년.

『기억의 과학』, 찰스 퍼니휴, 장호연 옮김, 에이도스, 2020년.

『나의 첫 번째 과학 공부』, 박재용, 행성b, 2017년.

『내가 사랑한 지구』, 최덕근, 휴머니스트, 2015년.

『뇌와 마음의 오랜 진화』, Gerhard Roth, 김미선 옮김, 시그마프레스, 2015년.

『뇌의식의 탄생』, 스타니슬라스 데하네, 박인용 옮김, 한언, 2017년.

『느끼는 뇌』, 조지프 르두, 최준식 옮김, 학지사, 2006년.

『라이프니츠, 뉴턴 그리고 시간의 발명』, 토마스 데 파도바, 박규호 옮김, 은행나무, 2016년.

『멸종: 생명진화의 끝과 시작』, 박재용 외, MID, 2014년.

『생물인류학』, 박선주, 충북대학교출판부, 2011년.

『세계의 화산』, 홍성수, 시공사, 2010년.

『시간의 화살, 시간의 순환』, 스티븐 제이 굴드, 이철우 옮김, 아카넷, 2012년.

『시냅스와 자아』, 조지프 르두, 강봉균 옮김, 동녘사이언스, 2005년.

『신경과학으로 보는 마음의 지도』, 호아킨 M. 푸스테르, 김미선 옮김, 휴머니스트, 2014년.

『엘러건트 유니버스』, 브라이언 그린, 박병철 옮김, 승산, 2002년.

『예일대 지성사 강의』, 프랭크 터너, 서상복 옮김, 책세상, 2016년.

『우주의 구조』, 브라이언 그린, 박병철 옮김, 승산, 2005년.

『의식은 언제 탄생하는가?』, 마르첼로 마시미니·폴리오 토노니, 박인용 옮김,

한언, 2019년.

『의식의 강』, 올리버 색스, 양병찬 옮김, 알마, 2018년.

『인류의 기원』, 이상희·윤신영, 사이언스북스, 2015년.

『인류진화의 발자취』, 박선주, 충북대학교출판부, 2012년.

『죽는 게 두렵지 않다면 거짓말이겠지만』, 하이더 와라이치, 홍지수 옮김, 부키, 2018년.

『지질학』, 마크 맥메나민, 손영운 옮김, 북스힐, 2010년.

『지질학』, 정창희 외, 박영사, 2016년.

『지질환경과학』, Frederick K. Lutgens·Edward J. Tarbuck, 함세영·김순오·박은규 옮김, 시그마프레스, 2016년.

『진화를 묻다』, 데이비드 쾀멘, 이미경·김태완 옮김, 프리렉, 2020년.

『진화의 역사』, 에드워드 라슨, 이총 옮김, 을유문화사, 2006년.

『진화의 키, 산소 농도』, 피터 워드, 김미선 옮김, 뿌리와이파리, 2012년.

『커넥톰, 뇌의 지도』, 승현준·신상규, 김영사, 2014년.

『컨버전스』, 피터 왓슨, 이광일 옮김, 책과함께, 2017년.

주석

1) 『내가 사랑한 지구』, 최덕만, 휴먼사이언스, 2015년, 13쪽.

2) 『과학의 탄생』, 야마모토 요시타가, 이영기 옮김, 동아시아, 2005년, 620쪽에서 재인용.

3) 『과학의 탄생』, 648쪽에서 재인용.

4) 『과학사신론』, 김영식·임경순, 다산출판사, 2007년, 91쪽.

5) 『예일대 지성사 강의』, 프랭크 터너, 서상복 옮김, 책세상, 2016년.

6) Cann, R. L., Stoneking, M., Wilson, A. C.(1987), "Mitochondrial DNA and human evolution", *Nature*, 325: 31~36.

7) Karmin, et al. (2015), "A recent bottleneck of Y chromosome diversity coincides with a global change in culture", *Genome Research*, 25(4): 459~466.

8) Wolpoff, M. H., Wu, X. Z., & Alan, G. (86), G. Thorne: 1984, "Modern Homo Sapiens Origins: A General Theory of Hominid Evolution Involving the Fossil Evidence from east Asia", *The Origins of Modern Humans*, Liss, New York, 411~483.

9) Thorne, A. G.(1984), "Australia's human origins—how many sources?", *American Journal of Physical Anthropology*, 63(2): 133~242.

10) Green, R. E., Krause, J., Briggs, A. W., Maricic, T., Stenzel, U., Kircher, M., et al.(2010), "A Draft Sequence of the Neandertal Genome", *Science*, 328(5979): 710~722.

11) Reich, D., Green, R. E., Kircher, M., Krause, J., Patterson, N., Durand,

E.Y., et al.(2010), "Genetic history of an archaic hominin group from Denisova Cave in Siberia", *Nature*, 468: 1053~1060.

12) Ambrose, Stanley H.(1998), "Late Pleistocene human population bottlenecks, volcanic winter, and differentiation of modern humans", *Journal of Human Evolution*, 34(6): 623~651.

13) 『인저리타임』, 「원자론 논쟁과 양자론의 여명」(https://www.injurytime. kr/news/articleView.html?idxno=4228)에서 재인용.

14) 『라이프니츠, 뉴턴 그리고 시간의 발명』, 토마스 데 파도바, 박규호 옮김, 은 행나무, 2016년, 15쪽에서 재인용.

15) 『엘러건트 유니버스』, 브라이언 그린, 박병철 옮김, 승산, 2002년, 75쪽.

16) 「에른스트 마하의 과학사상」, 고인석, 『철학사상』 36권0호, 2010년, 281~311쪽.

17) Wolters, Gereon(2012), "Mach and Einstein, or Clearing Troubled Waters in the History of Science", Lehner, Christoph, Renn, J, Schemmel, Matthias (Eds.), *Einstein and the Changing Worldviews of Physics*, 39~57.

18) 『뇌와 마음의 오랜 진화』, Gerhard Roth, 김미선 옮김, 시그마프레스, 2015 년, 3쪽.

19) 『나의 첫 번째 과학 공부』, 박재용, 행성B, 2017년, 108~109쪽.

20) 「"어디가 아프니?" "마음"」, 『한겨레』, 2015년 12월 4일. 린 마일스의 답변 내용에 필자가 모두 동의하는 것은 아니다. 그의 인터뷰에는 인간중심적인 종적 위계가 드러난다.

21) 선언서의 전문은 다음 링크에서 PDF로 받아볼 수 있다.

http://fcmconference.org/img/CambridgeDeclarationOnConsciousne ss.pdf

22) Prior H, Schwarz A, Güntürkün O(August 2008), De Waal F(ed.), "Mirror-induced behavior in the magpie(Pica pica): evidence of self-recognition", *PLoS Biology*, 6(8): e202.

23) Richter, Jonas N., Hochner, Binyamin, Kuba, Michael J.(2016-03-22),

"Pull or Push? Octopuses Solve a Puzzle Problem", PLOS ONE.

24) Mather, J. A., Anderson, R. C.(1998), "What behavior can we expect of octopuses?", Wood, J. B.(ed.), The Cephalopod Page.

25) Frisch, Karl Von(1965), *Tanzsprache und Orientierung der bienen*의 내용을 『뇌와 마음의 오랜 진화』, Gerhard Roth, 김미선 옮김, 시그마프레스, 137~139쪽에서 재인용.

26) 자세한 내용은 『멸종: 생명진화의 끝과 시작』(박재용 외, MID, 2014년)를 참조.

27) Duncan, R. A., Pyle, D. G.(1988), "Rapid eruption of the Deccan flood basalts at the Cretaceous/Tertiary boundary", *Nature*, 333(6176): 841~843.

28) MacLeod, N., Rawson, P. F., Forey, P. L., Banner, F. T., Boudagher-Fadel, M. K., Bown, P. R., Burnett, J. A., Chambers, P., Culver, S., Evans, S. E., Jeffery, C., Kaminski, M. A, Lord, A. R., Milner, A. C., Milner, A. R., Morris, N., Owen, E., Rosen, B. R., Smith, A. B., Taylor, P.D., Urquhart, E., Young, J. R.(1997). "The Cretaceous – Tertiary biotic transition", *Journal of the Geological Society*, 154(2): 265~292.

29) 「"화산폭발로 지구온도 2도 상승했지만 공룡 멸종은 소행성 때문"」, 『한겨레』, 2020년 1월 21일.

30) Christie, M., Holland, S. M., Bush, A. M.(2013). "Contrasting the ecological and taxonomic consequences of extinction", *Paleobiology*, 39(4): 538~559.

31) A. Melott, B. Lieberman, C. Laird, L. Martin, M. Medvedev, B. Thomas, et al.(April 23, 2004), "Did a gamma-ray burst initiate the late Ordovician mass extinction?", *International Journal of Astrobiology* , 3(1): 55~61.

32) 「[조현욱의 과학 산책] 초신성의 우주쇼」, 『중앙일보』, 2013년 11월 26일.

찾아보기